Hanaa N. Abdullah
Amina N. Al-Thwani
Mohammed Nader

Artrite reumatoide e genotipagem HLA

Hanaa N. Abdullah
Amina N. Al-Thwani
Mohammed Nader

Artrite reumatoide e genotipagem HLA

Papel do HLA-DRB1 e do HLA-DQB1 na patogénese da artrite reumatoide

ScienciaScripts

Imprint

Any brand names and product names mentioned in this book are subject to trademark, brand or patent protection and are trademarks or registered trademarks of their respective holders. The use of brand names, product names, common names, trade names, product descriptions etc. even without a particular marking in this work is in no way to be construed to mean that such names may be regarded as unrestricted in respect of trademark and brand protection legislation and could thus be used by anyone.

Cover image: www.ingimage.com

This book is a translation from the original published under ISBN 978-3-330-33092-4.

Publisher:
Sciencia Scripts
is a trademark of
Dodo Books Indian Ocean Ltd. and OmniScriptum S.R.L publishing group

120 High Road, East Finchley, London, N2 9ED, United Kingdom
Str. Armeneasca 28/1, office 1, Chisinau MD-2012, Republic of Moldova, Europe
Printed at: see last page
ISBN: 978-620-8-01392-9

Hanaa N. Abdullah
Amina N. Al-Thwani
Mohammed I. Nadir

Artrite reumatoide e genotipagem HLA

Agradecimentos

Antes de mais, muito obrigado a Alá por tudo.

Estou profundamente grato aos meus supervisores, Prof. Dr. Amina N. Al-Thwani e Assist. Dr. Mohammed Ibrahim pela sua inestimável administração, aconselhamento, encorajamento e apoio amoroso durante a preparação deste trabalho.

Gostaria de agradecer a todo o pessoal do Instituto de Engenharia Genética e Biotecnologia pelos seus estudos de pós-graduação na Universidade de Bagdade.

Agradeço à Universidade de Khon Kean (Faculdade de Ciências Médicas Associadas) por me ter dado a oportunidade de cumprir os requisitos deste estudo. Agradecimentos especiais e apreço pelo Dr. Chanvit e por toda a equipa da Faculdade de Ciências Médicas, Tailândia.

Gostaria de agradecer ao Professor Fekri Younis, Diretor da Faculdade de Tecnologia Médica e da Saúde, pelos seus valiosos esforços. Os meus mais profundos agradecimentos e respeito vão para o Dr. Dawood Salman, a Dra. Shatha e todo o pessoal do Departamento de Pós-graduação. Os meus agradecimentos vão também para o Dr. Baqir Kareem, Diretor do Departamento de Tecnologia de Laboratório Médico.

Os meus sinceros agradecimentos ao pessoal do departamento de reumatologia da Medical City, Bagdade, e em particular ao Dr. Khudhair Al-Badri por ter fornecido os casos com as suas histórias clínicas.

Resumo

A artrite reumatoide (AR) é uma doença autoimune complexa com uma forte contribuição genética para a sua patogénese. Os factores genéticos são responsáveis pela maior parte da suscetibilidade da população a esta doença. Este estudo examinou alguns parâmetros imunogénicos e moleculares de alguns doentes iraquianos com AR e determinou a relação entre o estado imunitário e a gravidade da doença. O estudo incluiu 100 doentes com AR, 30 doentes com lúpus eritematoso sistémico (LES) (para comparação) e 100 indivíduos aparentemente saudáveis (para controlo), que foram encaminhados para o Departamento de Reumatologia do Hospital Universitário de Bagdade e do Centro de Transfusão de Sangue, em Bagdade, entre o início de março de 2008 e o final de março de 2009. Estes doentes foram diagnosticados sob a supervisão do Comité Consultivo para as Doenças Reumáticas. Os resultados deste estudo mostraram que a idade média dos doentes com artrite reumatoide era de (46,75 ± 12,82), enquanto as idades médias do grupo LES e do grupo de controlo saudável eram de (39,80 ± 13,14) e (38,68 ± 2,72), respetivamente. Além disso, a maioria dos doentes era do sexo feminino (84%), com um rácio de (5,2:1) em comparação com (2,3:1) para o LES. No presente estudo, a deteção do fator reumatoide (FR) através de um teste de rastreio revelou 47% de positividade do FR em doentes com AR, em comparação com (3,3%) para o LES e (0,0%) para o grupo de controlo saudável, com uma diferença altamente significativa (P<0,001). Foi observada uma diferença altamente significativa (P<0,001) para RF-IgG (67%), RF-IgM (85%) e RF-IgA (76%). Além disso, foi observada uma maior positividade dos soros dos doentes para anticorpos anti-péptido citrulinado cíclico (anti-CCP) (69%) nos doentes com AR em comparação com os controlos (6,7% e 0,0% de indivíduos com LES e saudáveis, respetivamente) com uma diferença altamente significativa (P<0,001). A frequência de anticorpos antinucleares (ANA) foi de (14%) nos doentes com AR em comparação com (96,7%) nos doentes com LES e (0,0%) nos controlos aparentemente saudáveis, com uma diferença altamente significativa (P<0,001). A imunidade humoral e celular foi avaliada e os resultados mostraram uma diminuição altamente significativa da percentagem de células CD8+ nos doentes com AR em comparação com o grupo saudável, enquanto a percentagem de células T CD4+ foi ligeiramente superior nos doentes com AR em comparação com o grupo de controlo saudável, com diferenças não significativas. Determinadas citocinas (IL-1 alfa, GM-CSF, IL-8, IL-6 e recetor de IL-2) foram medidas no soro dos grupos de estudo. Todas estas citocinas mostraram um aumento altamente significativo quando detectadas em doentes com AR em comparação com o grupo de controlo saudável, com exceção do GM-CSF, que mostrou um aumento significativo apenas em doentes com AR. Neste estudo, a tipagem HLA classe II foi efectuada em dois grupos (doentes com artrite reumatoide e indivíduos aparentemente saudáveis) utilizando métodos serológicos e moleculares para a tipagem HLA. Os resultados mostraram que foi observada uma frequência altamente significativa dos antigénios HLA DR4 e DR53 nos doentes com AR em comparação com o grupo saudável (P<0,001), assim como o seguinte antigénio DR1 foi mais frequente nos doentes com AR do que nos controlos saudáveis, embora a diferença entre os dois grupos não tenha sido significativa. Além disso, os nossos resultados mostraram que a frequência do antigénio HLA-DQ3 (P<0,001) foi significativamente mais elevada no grupo com AR em comparação com os grupos de controlo. Relativamente aos alelos DR: os alelos DR *04(01-22 not 0415) apresentaram uma frequência significativamente mais elevada na AR em comparação com os controlos saudáveis. Por outro lado, o alelo DR* 0701 apresentou uma frequência significativamente baixa na AR em comparação com os controlos saudáveis. Além disso, os alelos DQB1*03 (02, 07) foram encontrados com mais frequência em doentes com AR do que em controlos saudáveis, enquanto os alelos DQB1*0303 foram encontrados com mais frequência em controlos saudáveis do que em doentes com AR, e isto de uma forma altamente significativa (P<0,001).

Palavras chave: artrite reumatoide, anticorpos anti-péptido citrulinado cíclico, fator reumatoide, imunidade celular, genotipagem HLA.

Conteúdo

símbolo	Definição
AKA	Anticorpos anti-queratina
ANA	Anticorpos antinucleares
ANOVA	Análise de variância
Anti-CCP	Péptido citrulinado anti-cíclico
APC	Células apresentadoras de antigénios
APF	Fator anti-nuclear
PASSO	Associação Americana de Reumatismo
ARMAS	Amplificação Sistemas de mutação refractária
BF	Fator Broperdin
BiP	Proteína de ligação
Bp	Par de bases
CD	Grupo de diferenciação
CRH	Hormona libertadora de corticotropina
PRC	Proteína C-reactiva
ADN	Ácido desoxirribonucleico
dNTPs	Desoxirribonucleótido trifosfato
dsDNA	Ácido desoxirribonucleico de cadeia dupla
AIE	Imunoensaio enzimático
ELFA	Ensaio de fluorescência ligado a uma enzima
ELISA	Ensaio de imunoabsorção enzimática
ESR	Taxa de sedimentação de eritrócitos
GM-CSF	granulócitos/monócitos - fator estimulador de colónias
IGP	Glucose-6-fosfato isomerase
HLA	Antigénio leucocitário humano
HRP	Peroxidase de rábano
HSPs	Proteínas de choque térmico
IC	Complexo imunitário
IFN-a	Interferão alfa
IFN-Y	Interferão gama
IgA	Imunoglobulina A
IgG	Imunoglobulina G
IgM	Imunoglobulina M
RSIs	Seminários internacionais de histocompatibilidade
IL-2R	Recetor de interleucina-2

IR	Reação imunitária
KD	Quilo Dalton
CIM	Metacarpofalângica
MHC	Complexo principal de histocompatibilidade
MIP-1 a	Proteína inflamatória de macrófagos-1a
ARNm	Ácido ribonucleico mensageiro
MTP	Metatarsofalângica
NK	Célula assassina natural
PAD	Peptidilarginina deiminase
PBS	Tampão fosfato Solução salina
PCR	Reação em cadeia da polimerase
PCR-SSP	Primário específico da sequência de reação
Pg	Picograma
PMNC	Célula polimórfica
PNPP	P. Fosfato de nitro-fenilo
PTPN22	Proteína tirosina fosfatase N22
RA	Artrite reumatoide
RAP	Proteção contra a artrite reumatoide
RF	Fator reumatoide
RIA	Imunoensaio por rádio
Livrar-se de	Remarcação Difusão imunitária
SD	Desvio padrão
SE	Epítopo comum
SF	Líquido sinovial
LES	Lúpus eritematoso sistémico
SNP	Polimorfismos de nucleótido único
STAT4	Transdutor de sinal e ativador de transcrição 4
Célula T	Célula linfocitária dependente do timo
TCR	Receptores de células T
TGF	Fator de crescimento tumoral
TMJ	Articulação da mandíbula
TNF	Fator de necrose tumoral
TNF-a	Fator de necrose tumoral alfa
TRAF1	Fator 1 associado ao recetor do TNF

Capítulo 1: Introdução

A artrite reumatoide (AR) é uma doença inflamatória crónica com caraterísticas auto-imunes que afecta principalmente a membrana sinovial (sinóvia) e se apresenta com sintomas locais como inchaço das articulações, dor e rigidez matinais, inflamação das articulações seguida de danos na cartilagem e destruição das articulações (Goronzy e Weyand, 2009; Ruzickova *et al.*, 2005). Os sintomas da AR desenvolvem-se gradualmente e é difícil datar com exatidão o início da doença. No entanto, a gravidade e os sintomas específicos desta doença podem variar consideravelmente de uma pessoa para outra (Maini *et al.*, 2007). É uma das doenças auto-imunes mais comuns, afectando 0,5 a 1% da população. O género parece desempenhar um papel importante na predisposição para a AR: as mulheres têm cerca de quatro vezes mais probabilidades de desenvolver AR do que os homens (Buch e Emery, 2002). A artrite reumatoide é uma doença poligénica complexa, em que os factores ambientais e genéticos contribuem tanto para a predisposição como para a evolução clínica. Um elemento importante é a predisposição genética, que está associada aos produtos genéticos do complexo do antigénio leucocitário humano (HLA) (Balsa *et al.*, 2000). Inicialmente, foram utilizadas técnicas de tipagem serológica para estabelecer uma ligação entre a doença e o HLA-DR4. Mais recentemente, a biologia molecular ajudou a compreender a variação alélica no HLA-DR4 definida pela serologia com uma especificidade alargada (Suzuki *et al.*, 2009). As citocinas estão envolvidas em todas as fases da resposta imunitária, influenciando a proliferação, a diferenciação e a migração de diferentes células do sistema imunitário e regulando as respostas imunitárias humoral e celular. A artrite reumatoide representa um desequilíbrio de mediadores inflamatórios solúveis e celulares, resultando num processo inflamatório crónico que permite a proliferação de tecido sinovial em torno da cartilagem articular e do osso (Peter *et al.*, 2005). Presume-se que os auto-antigénios apresentados aos linfócitos T CD4+ desencadeiam uma resposta imunitária alargada. Os linfócitos T CD4+ activados estimulam os macrófagos, os monócitos e os fibroblastos a produzir as citocinas IL-1, IL-6 e TNF- (Paramalingam *et al.*, 2007). Os principais papéis celulares são desempenhados pelos linfócitos T CD4+, fagócitos mononucleares, fibroblastos, osteoclastos e neutrófilos, enquanto os linfócitos B também produzem auto-anticorpos, como o fator reumatoide (FR). Os linfócitos B e os plasmócitos na sinóvia produzem o fator reumatoide e anticorpos citrulinados. O fator reumatoide é um anticorpo IgM a IgG que ativa a cascata do complemento e inicia a quimiotaxia celular (Pruijn *et al.*, 2005).

Objetivo do estudo

O objetivo deste estudo era atingir os seguintes objectivos

1- Investigar a frequência da artrite reumatoide em doentes iraquianos através da deteção de anticorpos contra peptídeos citrulinados cíclicos (anti-CCP), fator reumatoide (FR) e isótipos de FR em soros de doentes com AR e determinar a validade do anti-CCP como marcador de diagnóstico em comparação com outros parâmetros serológicos.

2- Avaliação do papel de determinadas citocinas como a IL-1a, IL-8, GM-CSF, IL-2R e IL-6 no soro de doentes com AR em comparação com controlos aparentemente saudáveis.

3-Avaliação da imunidade mediada por células na patogénese da artrite reumatoide através da determinação de marcadores CD4+ e CD8+ na AR e em controlos saudáveis.

4-Determinar a frequência dos alelos HLA de classe II que podem contribuir para diferenças na gravidade da doença.

História de artrite reumatoide

A história da artrite reumatoide remonta a 3000 a.C.. Restos de esqueletos na América do Norte atestam a existência da doença, que foi descoberta há 2.400 anos, quando Hipócrates relatou dores nas articulações (Rothschild e Woods, 1990). No entanto, a descrição da AR como uma doença na literatura médica contemporânea só começou no século VIII. A observação clínica procurou inicialmente distinguir esta doença de outras doenças articulares generalizadas, como a gota e a febre reumática, salientando caraterísticas particulares como a cronicidade, as deformidades articulares, a distribuição por sexos e a incapacidade. Sydenham (1676) e Landry-Beauvais (1800) foram os primeiros a descrever esta doença nos seus escritos, mas Alfred Baring Garrod (1859) foi o primeiro a utilizar o termo artrite reumatoide (Fraser, 1982). A definição desta doença e a sua distinção de outras formas de poliartrite crónica têm continuado a evoluir. Ainda hoje, não existe uma distinção clara entre os diferentes tipos de artrite reumatoide (Garrod, 1859; Fraser, 1982). No entanto, em 1910, Eliot e Wood Jones descreveram certas alterações esqueléticas, como a fusão do carpo e do pulso com algumas alterações anquilosantes, em esqueletos pré-históricos descobertos no Egito (Copeman, 1997). [th]Desde os primeiros anos do século XX, a possibilidade de a AR poder ser causada por uma infeção tem evoluído na medicina moderna. Tal como acontece com muitas outras doenças de causa desconhecida, suspeitou-se de infeção (Wilcox, 1935). Em 1940, Waaler anunciou a descoberta do fator reumatoide IgM no soro de doentes com AR, o primeiro marcador imunológico distinguível de outras formas de artrite. Em 1942, Klemperer e os seus colegas defenderam a ideia de que esta doença poderia ser devida a uma degenerescência difusa primária do colagénio. Isto levou à inclusão da AR no grupo das doenças do colagénio (Klemperer *et al.*, 1942). Em 1958, a American Rheumatism Association (ARA) publicou critérios para o diagnóstico da AR, mas estes foram abandonados devido à sua incompatibilidade (Ropes, 1958). Foram definidos novos critérios, conhecidos como critérios ARA de 1987, que utilizavam métodos estatísticos com uma sensibilidade e especificidade de cerca de 90% (Arnett, 1988). Segundo Stastny, o primeiro conhecimento de um aumento da especificidade HLA-Dw4 e DR4 em doentes com artrite reumatoide foi adquirido em 1970. Desde então, o conhecimento das ligações entre os diferentes alelos DRB1 em diferentes grupos étnicos e a suscetibilidade à artrite reumatoide tem vindo a aumentar gradualmente (Weyand e Goronzy, 1990). A expressão de citocinas nas articulações reumatóides começou a emergir na patogénese e no tratamento da doença em 1985, enquanto o fator de necrose tumoral alfa (TNF-a) já era considerado em 1988 como uma citocina potente que exercia múltiplos efeitos ao estimular um grande número de células. Talvez o efeito mais estudado tenha sido a sua capacidade de promover a inflamação, mas nos últimos anos o bloqueio da ação destas citocinas tem sido utilizado no tratamento da AR (Paramalingam *et al.*, 2007).

Epidemiologia

A artrite reumatoide é uma doença autoimune de longa data. A prevalência da artrite reumatoide é uniforme em todo o mundo, afectando 0,5 a 1% da população em geral. Embora a doença afecte pessoas em todo o mundo, alguns grupos populacionais têm uma prevalência particularmente baixa ou elevada (Wolfe, 1968; Markenson, 1992). Embora não existam relatórios recentes sobre a prevalência num determinado local ou momento, as estimativas de prevalência variam entre 0,5% e 2% para os europeus do Cáucaso e entre 0,9% e 1,1% para a América do Norte (Cope, 2008). Apesar das estimativas de prevalência semelhantes para estas populações geograficamente diferentes, foi documentada uma maior diversidade na população rural africana. Entre os nativos americanos, incluindo as tribos Pima, Yakima e Chippewa, a prevalência é tão baixa como 0,1%. A prevalência pode ser tão elevada como 5,3% a 6% (Sliman e Hochberg, 1993). Existem, no entanto, algumas excepções interessantes para a incidência na China, Indonésia e Japão, que são ligeiramente menos frequentes ou inferiores a (0,2% - 0,3%), enquanto não foram encontrados casos de AR na Nigéria (Klippel *et al.*; 2001; Cope, 2008). Outros estudos mostraram que a prevalência da AR nos países em desenvolvimento é de cerca de 0,5% a 1% da população adulta (Gabriel e Michaued, 2009). As taxas de prevalência da AR em países selecionados são apresentadas na (Fig. 2.1). Em geral, a taxa de prevalência da artrite reumatoide é muito mais baixa no Egito (0,2%), sendo de 0,4% em Omã e de 0,5% na Turquia (Gabriel e Michaued, 2009). No Iraque, no entanto, foi registada uma incidência mais baixa por Al-Rawi *et al* (1997), que demonstraram que foi observada uma prevalência de cerca de 1% de casos óbvios na população adulta. Tal como acontece com outras doenças auto-imunes, as mulheres são mais afectadas do que os homens numa proporção de 4:1

(Koopman, 2001; Buch e Emery, 2002), enquanto os doentes iraquianos têm uma proporção de 3,4:1 entre mulheres e homens, de acordo com Al-Rawi *et al* (1997). A prevalência aumenta com a idade, atingindo um pico entre a quarta e a sexta décadas, com 80% dos doentes a desenvolverem a doença entre os 35 e os 50 anos de idade (Kraag, 1989; Lipsky, 2001). Os estudos com gémeos fornecem talvez a prova mais convincente de uma suscetibilidade genética à AR, com taxas de concordância mais elevadas para gémeos idênticos (12%-15%) do que para gémeos fraternos (3,5%) (Gregory e Gardner, 2005; Cope, 2008).

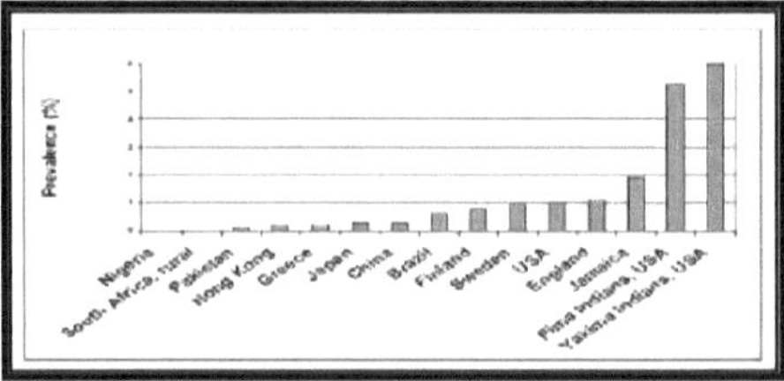

Figure (2(1) - Prevalência de artrite reumatoide (Silman *et al.*, 2002).

Foram observadas taxas de mortalidade padronizadas elevadas na população com AR em comparação com a população em geral (Sokka *et al.*, 1999). Em particular, estudos anteriores indicam que o aumento da esperança de vida observado na população em geral não se reflecte nos doentes com AR e confirmam que o aumento da mortalidade nos doentes com AR está geralmente relacionado com doenças cardiovasculares. A aceleração da aterosclerose nestes doentes é cada vez mais preocupante, uma vez que existem provas crescentes de que a doença aterosclerótica é desencadeada por mecanismos inflamatórios semelhantes aos da AR (Wallberg *et al.*, 1999; Glennas *et al.*, 2000). Observam-se lipoproteínas de baixa densidade oxidadas tanto na doença aterosclerótica como na AR, e as alterações nos padrões das apolipoproteínas e das lipoproteínas podem ser um fator de predisposição (Dai *et al.*, 2000).

Etiologia

A etiologia da artrite reumatoide permanece desconhecida. Uma suscetibilidade genética combinada com a influência de factores ambientais são provavelmente condições prévias para o aparecimento desta doença (Buch e Emery, 2002; Ribbammar, 2005). Os principais factores que desempenham um papel importante são:- **1-Factores ambientais**

Existem vários factores, e não apenas um, que causam a AR. A maior parte dos factores de risco propostos não são verificados nem convincentes.

2 fumadores

O consumo de cigarros pode aumentar o risco de desenvolver artrite reumatoide. Até à data, o tabagismo é o único fator de risco ambiental bem estabelecido para a AR (Klareskog *et al.*, 2009). Um estudo recente mostra que fumar durante um longo período (>20 anos) pode aumentar significativamente o risco de doença. Existem também algumas provas de que o fumo do cigarro aumenta a probabilidade de doença grave no início da doença (Eisenberg e Quinn, 2006).

3-Stress

Os doentes referem frequentemente stress ou traumas que precederam o início da artrite reumatoide. O stress é extremamente difícil de medir, mas alguns estudos indicam que os acontecimentos de vida stressantes (divórcio, acidentes, luto, etc.) são mais frequentes nas pessoas com artrite reumatoide do que na população em geral nos seis meses que precedem o início da doença (Maini *et al.*, 2007; Straub e Kalden, 2009).

4-Regime

Não existem provas de que uma dieta específica cause a artrite reumatoide, embora recentemente se tenha afirmado que a carne vermelha desempenha um papel importante. Alguns investigadores afirmaram que as intolerâncias alimentares podem agravar a doença numa minoria de doentes e que evitar esses alimentos pode aliviar os sintomas. Existem também provas de que as gorduras polinsaturadas (encontradas nos óleos de peixe e em alguns óleos vegetais) têm um efeito anti-inflamatório ligeiro (Maini *et al.*, 2007.

5-Proteínas de choque térmico (HSP).

As proteínas de choque térmico são uma família de proteínas produzidas por células de todas as espécies em resposta ao stress. Estas proteínas têm sequências de aminoácidos conservadas que representam homologia de sequência. Algumas HSPs humanas e HSPs *de Mycobacterium tuberculosis* apresentam 65% de homologia de sequência. Uma hipótese possível é que existem anticorpos e células T que reconhecem epítopos comuns às HSPs tanto do agente infecioso como das células hospedeiras. Isto facilitaria a reatividade cruzada dos linfócitos com as células hospedeiras e desencadearia uma resposta imunológica. Este fenómeno é conhecido como mimetismo molecular (Kaufmann, 1990).

6-agente infecioso.

Muitos vírus e bactérias têm sido considerados como agentes patogénicos, incluindo o vírus Epstein-Barr, o parvovírus, os vírus Lent, os micoplasmas e organismos bacterianos como as micobactérias e a yersinia (Stransky *et al.* 1993). Assumiu-se que estes organismos infectam a célula hospedeira e alteram a reatividade ou a capacidade de resposta das células T do sistema imunitário ao ponto de desencadear a doença. No entanto, nenhum agente patogénico foi claramente identificado como a causa da doença (Buch e Emery, 2002). **7-Químicos.**

Estão a ser estudados vários produtos químicos como factores desencadeantes da artrite reumatoide. A exposição à sílica, por exemplo, aumenta o risco relativo de AR. Estão a ser estudados vários outros produtos químicos, mas é muito difícil determinar os efeitos causais de certos produtos químicos. Além disso, os óleos hidráulicos têm sido citados como factores de risco para a AR. O aparecimento da doença tem sido associado a óleos minerais (Sverdrup *et al.*, 2005).

8-Hormonas sexuais.

As hormonas sexuais podem influenciar a suscetibilidade à artrite reumatoide, mas não é claro se as alterações hormonais são uma consequência do desenvolvimento da AR ou se as alterações hormonais contribuem para o desenvolvimento da doença (Goemaere *et al.*, 1990). Os estrogénios têm um efeito agravante e, por vezes, preventivo na artrite, tanto em animais de laboratório como em seres humanos. As hormonas sexuais masculinas, em particular a testosterona, são geralmente mais baixas nos homens com AR (Mishan-Eisenbenberg *et al.*, 2004). A hormona prolactina é importante para a produção de leite materno. Pensa-se que um aumento durante a gravidez actua como um mediador pró-inflamatório, uma vez que os relatórios indicam que as mulheres que amamentaram e as que amamentaram após a primeira gravidez estão em maior risco. É de salientar, no entanto, que a amamentação pode estar associada a um grande número de alterações imunológicas durante este período (Doran *et al.*, 2004). No entanto, a terapia de substituição hormonal tem um efeito benéfico em doentes pós-menopáusicas com AR estabelecida (D'Elia *et al.*, 2003).

Factores genéticos.

Foi demonstrado que os factores genéticos influenciam a suscetibilidade à AR. Os estudos efectuados evidenciaram variações (ou polimorfismos) nos genes de várias proteínas que se sabe estarem amplamente envolvidas no processo inflamatório da AR (Crilly *et al.*, 2000).

O facto de a prevalência da AR variar em diferentes populações defende a existência de factores de risco genéticos. Estes são importantes para explicar as diferenças no risco de doença. Reflecte também o facto de estas populações terem diferentes estilos de vida, hábitos alimentares, frequência de consumo de tabaco, etc. e que estas condições ambientais podem influenciar a suscetibilidade à AR (Klippel, 2001).

Estudos sobre a predisposição genética nas famílias mostram que os familiares de primeiro grau de doentes com AR desenvolvem a doença mais frequentemente do que a população em geral. Este facto indica uma predisposição genética para a AR. Se não for possível demonstrar um padrão de hereditariedade mendeliana, isso indica que estão envolvidos vários factores genéticos (Deighton *et al.*, 1992).

Deficiência da hormona libertadora de corticotropina (CRH)

A hormona libertadora de corticotropina (CRH) é uma hormona polipeptídica e um neurotransmissor envolvido na resposta ao stress. A CRH é segregada pelo núcleo paraventricular do hipotálamo (Santos *et al.*, 1999). A regulação do gene da hormona libertadora de corticotropina (CRH) humana é de interesse porque medeia a interação entre eventos stressantes e sinais inflamatórios no eixo hipotálamo-pituitária-adrenal.

Algumas pessoas com AR podem ter uma resposta deficiente da CRH ao stress, pelo que os polimorfismos na região reguladora 5' do gene da CRH podem ser responsáveis por uma resposta reduzida da CRH. A CRH produz outras hormonas, os corticosteróides, que suprimem o processo inflamatório, e um polimorfismo no gene da CRH também foi proposto como um fator que contribui para a vulnerabilidade à AR (Baerwald *et al.*, 1997; Baerwald *et al.*, 2000).

Mutação do gene P53

A proteína 53 (P53) é uma proteína supressora de tumores codificada nos seres humanos pelo gene TP53, localizado no braço curto do cromossoma 17 (Read e Strachan, 1999). Os resultados da investigação indicam que uma mutação no gene P53 está por vezes presente nos tecidos sinoviais de doentes com AR. Se o p53 estiver mutado, a destruição da articulação pode continuar, mesmo que a inflamação do doente tenha sido tratada com sucesso. Um gene p53 normal é conhecido como um gene supressor de tumores. O seu papel é incentivar as células a autodestruírem-se. A versão mutante permite que as células continuem a desenvolver-se, e este gene mutante está presente em muitos cancros. O papel deste gene na AR ainda não foi elucidado, nem se sabe se o p53 é responsável pelo aumento do risco de certos tipos de cancro em doentes com AR (Simon *et al.*, 2003).

O sistema de antigénio leucocitário humano (HLA)

O complexo humano de histocompatibilidade major, também conhecido como antigénio leucocitário humano (HLA), é um grupo de genes localizado no braço curto do cromossoma 6, entre as bandas 6p21.31 e 6p32, compreendendo um segmento de ADN de aproximadamente 4000 kbp e representando cerca de 1% do genoma humano total (Forbes e Trowsdale, 1999). Estes incluem genes envolvidos na função imunitária e que codificam proteínas expressas na superfície de um grande número de células humanas (Clarke e Vyse, 2009). O complexo HLA inclui mais de 200 genes, mais de 40 dos quais codificam antigénios leucocitários (Fig. (2.2)) (Klein e Hoej^ 1998; Forbes e Trowsdale, 1999).

Os genes HLA apresentam uma diversidade genética notável. Trata-se de um gene poligénico. Há vários genes para cada classe de moléculas e existe um grande número de alelos polimórficos para cada um dos genes na população (Opelz *et al.*, 1991; Thomson, 1995; Browning & McMichael, 1996; Taneja & David, 1999).

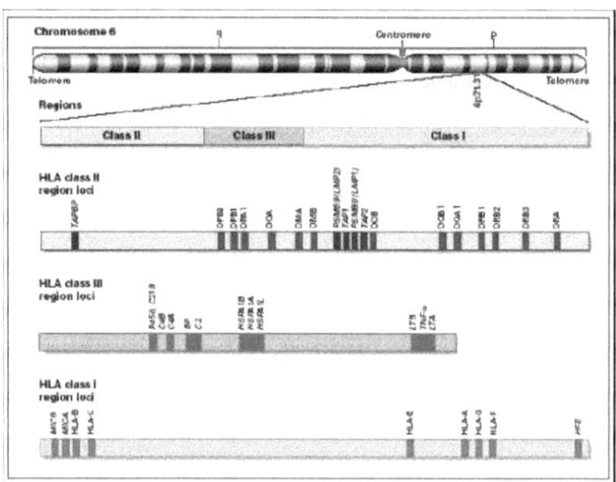

Figure (2(2)   - Localização e organização do HLA no cromossoma 6 (MacKay e Rosen, 2000).

Desequilíbrio de acoplamento HLA.

Uma caraterística importante dos antigénios HLA é o suporte de desequilíbrio de ligação entre alelos em loci. Trata-se de uma associação inesperada de genes ligados entre os alelos de um locus HLA e um determinado alelo de um segundo locus HLA na população (Anexo I). Varia entre grupos étnicos, na medida em que a associação entre dois ou mais antigénios pode ser caraterística de um determinado grupo étnico. Parte-se do princípio de que o desequilíbrio de ligação é o resultado da deriva genética ou da mistura migratória. O desequilíbrio de ligação é uma caraterística do MHC humano e varia de HLA-A a HLA-DQ (Johnson *et al.*,

1994).

Os estudos de ligação são uma investigação importante para determinar a contribuição dos genes para a suscetibilidade a doenças. Enquanto os estudos de ligação só podem utilizar dados familiares, os estudos de associação podem basear-se na família ou na população. O objetivo final dos estudos de associação HLA é determinar a forma como os genes causam a doença ou modificam a suscetibilidade ou a progressão da doença. A associação pode resultar do envolvimento direto ou do desequilíbrio de acoplamento com o gene a nível da população (Dorak, 2002; Ghodke *et al.*, 2005).

A estrutura do HLA

Os genes HLA estão divididos em três regiões (I, II, III), com base em determinadas caraterísticas funcionais do gene em cada classe (Thomas, 1995; Belov *et al.*, 2006). A análise da região HLA de classe I revelou cerca de 60 alelos A, 110 alelos B e 40 alelos C. $_2$As moléculas de classe I são constituídas por uma longa cadeia de glicoproteína A codificada pelos genes HLA de classe I e por uma molécula muito mais pequena de microglobulina e codificada por um gene exterior ao MHC no cromossoma 15. Ambas são expressas na superfície da maioria das células nucleadas somáticas. Foi referido que uma cadeia contém três domínios externos [a1, a2 e a3], um segmento transmembranar hidrofóbico e uma cauda citoplasmática (Fig. (2.3)) (Bjorkman e Burmeister, 1994).

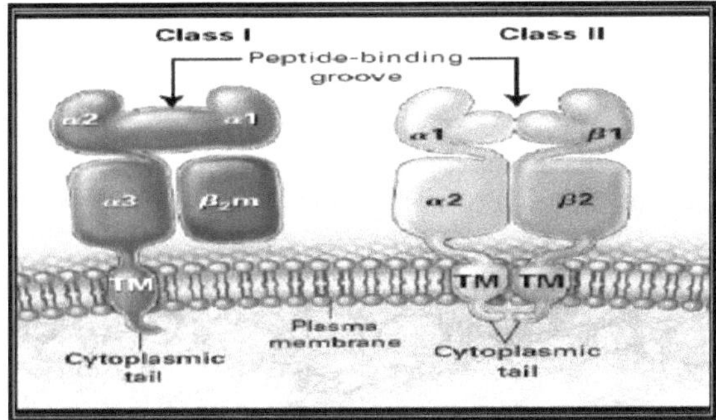

Figura (2.3): Estrutura das moléculas HLA classe I e classe II (Klein e Sato, 2000).

Uma das principais funções destes produtos genéticos é a apresentação de antigénios peptídicos às células T-citotóxicas (Tc) (Roitt *et al.*, 1998). Estas moléculas estão divididas em duas famílias, HLA classe Ia e HLA classe Ib. As moléculas do primeiro grupo são uma família de glicoproteínas de superfície celular extremamente polimórficas que se encontram em quase todas as células nucleadas, conhecidas como moléculas A, B e C. As moléculas da segunda classe são as moléculas de ADN. Verificou-se que cada uma destas moléculas pode ligar uma série de péptidos diferentes (8 a 10 aminoácidos). Estes péptidos provêm de proteínas intracelulares, incluindo proteínas virais ou tumorais (Townsen e Bodmer, 1989). Os dímeros a1 e a2 da cadeia pesada da classe Ia formam a ranhura de ligação aos péptidos em torno da qual ocorre a maioria dos polimorfismos. Além disso, verificou-se que as células T citotóxicas podem reconhecer facilmente este peptido e o complexo de classe Ia (Johnson *et al.*, 1996). Nos seres humanos, as moléculas HLA de classe Ib compreendem principalmente HLA-E, F e G, que se pensa serem altamente transcritas em muitos tecidos, tal como os loci de classe Ia, mas apresentam apenas uma variação genética de função enigmática (Brand *et. al.*, 1998; Ulbrecht *et al.*, 1999). Nos seres humanos, os genes de classe II apresentam um elevado grau de polimorfismo. O número de genes varia de um indivíduo para outro (Margulies, 1999; Goldsby *et al.*, 2000). As moléculas MHC de classe II são duas cadeias de glicoproteínas, a e β, codificadas por

pelos genes MHC de classe II, que se exprimem principalmente nas células B, na maioria das células apresentadoras de antigénios (APC) e nas células T activadas (Brown *et al.*, 1993). Estas moléculas ajudam a apresentar os péptidos antigénicos processados às células T auxiliares (Bjorkman e Burmeister, 1994). As regiões DR, DQ e DP codificam as duas cadeias de moléculas da classe II, enquanto o produto não clássico da classe II que se diz desempenhar um papel essencial no processamento de antigénios peptídicos para apresentação às células T auxiliares é o HLA-DM (Bjorkman e Burmeister, 1994; Gruen e Weissman, 1997). Alguns destes Ag são definidos por serologia, outros por tipagem celular (Gruen e Weissman, 1997). Existe apenas um gene da cadeia HLA-DRa (HLA-DRA). Existem cinco genes da cadeia HLA-DR (HLA-DRB 1-5) e quatro pseudogénios (HLA-DRB 6-9). Nem todos os genes HLA-DRB estão presentes em todos os haplótipos, enquanto algumas combinações são específicas do haplótipo. Por outro lado, a cadeia HLA-DRA é idêntica em todos os indivíduos estudados (Margulies, 1999; Goldsby *et al.*, 2000). As regiões HLA-DQ e HLA-DP têm ambas pseudogénios que se encontram muito próximos dos genes expressos. A molécula DM (um heterodímero de DMa e DMe), relacionada com a classe II, está envolvida no carregamento de Ag em moléculas de classe II num compartimento intracelular chamado MHC (Lagaaij *et al.*, 1989; Kristiansen *et al.*, 2000). Por outro lado, a região de classe III do MHC é ladeada por regiões de classe I e de classe II que codificam um grupo diverso de proteínas não membranares que não desempenham qualquer papel na apresentação do Ag. [24]Estas incluem o gene da 21-hidroxilase, os componentes do complemento C , C , o fator de broperdina (BF) e as citocinas inflamatórias, incluindo o fator de necrose tumoral-a (TNF-a) e a proteína de choque térmico. Verificou-se que existem tipos altamente relevantes de produtos genéticos que têm homologias notáveis, mas que diferem em termos de estrutura, distribuição nos tecidos e função. (Peakman e Vergani, 1997).

HLA e associação de doenças

Suspeita-se que as moléculas HLA desempenhem um papel no desenvolvimento de doenças auto-imunes (Clarke e Vyse, 2009). Em 1973, o HLA-B27 foi associado à espondilite anquilosante (Brewerton *et al.*, 1973). Posteriormente, foram descritas associações entre várias moléculas MHC de classe II e doenças auto-imunes, como a AR, a diabetes mellitus insulino-dependente e a esclerose múltipla. Existem também boas provas de que as moléculas HLA influenciam a defesa do hospedeiro contra agentes patogénicos estranhos, as reacções alérgicas e a imunidade anti-tumoral (Lagaaij, 1989). Os mecanismos de associação do HLA com a doença não estão suficientemente elucidados. A maior parte dos estudos que confirmam uma associação descrevem geralmente a suscetibilidade, enquanto as moléculas negativamente associadas são por vezes descritas como protectoras. O problema é o forte desequilíbrio de acoplamento ou associação não aleatória que existe entre os genes do complexo HLA, levando a grandes diferenças quando se tenta determinar quais os genes HLA que estão primariamente envolvidos (Cruse e Lewis, 2000). A colaboração internacional no âmbito dos Workshops Internacionais de Histocompatibilidade (IHWs) tem sido muito importante para esclarecer esta questão, uma vez que os desequilíbrios de acoplamento entre os genes HLA variam entre populações e grupos étnicos. A comparação da associação do HLA com uma doença em diferentes populações torna, por conseguinte, muito mais fácil identificar quais os genes HLA que estão primariamente envolvidos. Com base na compreensão atual da biologia da molécula HLA, foi realizado um grande número de estudos para explicar a associação do HLA com a doença (Hjelmstrom *et al.*, 1997). Apesar de um quarto de século de estudos, os mecanismos de envolvimento do HLA nas doenças auto-imunes continuam a ser especulativos. Este facto deve-se em grande parte à dificuldade de isolar o efeito de uma determinada molécula HLA nas doenças estudadas. Este problema foi encontrado nas abordagens epidemiológicas, genéticas e imunológicas do estudo das doenças. Alguns dos estudos efectuados no Iraque sobre a relação entre o HLA e doenças como o lúpus eritematoso sistémico (LES) foram associados às seguintes doenças

está associada a A1, A2, B8, DR3 e a artrite reumatoide a A10, B47, B22, Cw 7, DR4, DR52, DR53 e DO3 (AL-Haidary, 2003). A artrite reumatoide é uma doença autoimune poligénica. Os principais genes HLA influenciam a suscetibilidade a esta doença. Em 1987, Gregersen e colegas formularam a hipótese do epítopo comum (SE), com base na descoberta de que os alelos HLADRB1 associados à doença (DRB1*0101, *0401, *0404, *0405 e *0408) partilham uma sequência de aminoácidos comum. O DRB1*1001 foi também incluído nos alelos de epítopos comuns para explicar a associação do DRB1*1001 com a artrite reumatoide em determinadas populações. Para além dos genes de suscetibilidade, existem alelos ou haplótipos HLA de classe II que parecem oferecer proteção contra a AR (Cope, 2008). Em 2000, Zanelli e colegas formularam um modelo denominado RAP (proteção da artrite reumatoide). De acordo com este modelo, os haplótipos HLA-DQA1*01-DQB1*0501 (DQ5) (associados a DRB1*0101, *0102, *0103 e *1001) e DQA1*03- DQB1*03 (DQ3) (associados a RB1*0901 ou a um alelo DRB1*04) predispõem à artrite reumatoide, enquanto os alelos DRB1 (*0103, *0402, *1102, *1103, *1301 e *1302) protegem contra esta doença (Gregersen *et al.*, 1987; van der Horst *et al.*, 1999, Pascual *et al.*, 2001; Nyman *et al.*, 2004). O HLA é uma molécula geneticamente regulada que capta alguns dos antigénios e os apresenta na superfície celular para serem destruídos por anticorpos e linfócitos T. É um sistema de defesa contra a infeção. Trata-se de um sistema de defesa contra as infecções. Foi concebido para reconhecer as suas próprias células das células estranhas. Os investigadores identificaram uma série de formas genéticas HLA, denominadas alelos HLA-DRB1, que são conhecidas há quase 30 anos como sendo um fator de risco para a AR, sendo os alelos HLA-DRB1*0401 e DRB1*0404 factores de suscetibilidade muito mais fortes do que os alelos HLA-DRB1*0101 (Ernestam, 2006; Fernando *et al.*, 2008). Os alelos HLA DRB1*0401 e DRB 1*0404 partilham determinadas sequências de aminoácidos na ranhura de ligação a péptidos do mesmo epítopo tridimensional, conhecido como epítopo partilhado (SE). A presença do HLA DRB1/SE influencia tanto a suscetibilidade à AR como a gravidade da doença, particularmente o desenvolvimento de erosões e a prevalência de AR extra-articular (Turresson *et al.*, 2005). A função da molécula HLA DRB1/SE, a apresentação de antigénios aos receptores de células T, parece desempenhar um papel importante na AR (van der Helm-van *et al.*, 2005). Outros loci que contribuem para o risco de artrite reumatoide e que foram identificados por genotipagem de alta densidade incluem o HLA-DP em doentes com anticorpos contra o péptido citrulinado cíclico (Ding *et al.*, 2009).

Resposta imunitária mediada por células e HLA

Os componentes-chave da fisiologia do sistema imunitário mediado por células são os subgrupos de linfócitos T. O primeiro é o CD4, que se exprime em terços das células T auxiliares (Peakman e Vergani 1997). O primeiro deles é o CD4, as células T auxiliares, que são expressas por dois terços das células T (Peakman e Vergani 1997). O terço restante expressa CD8, que foi subdividido em células T citotóxicas e supressoras. Entre as células T periféricas, CD4 e CD8 são quase mutuamente exclusivas. Sabe-se hoje que as células T reconhecem geralmente os antigénios associados à molécula MHC do self na superfície celular e que isso implica uma ligação antigénica processada num sulco da mesma molécula (Buch e Emery, 2002). Na maioria dos casos, as células T CD8 reconhecem os antigénios das moléculas de classe I, enquanto as células T CD4 vêem os antigénios associados às moléculas MHC II (Male *et al.*, 1996). Um ponto importante é que qualquer defeito nesta apresentação de antigénios prediz a futura progressão da doença em doenças auto-imunes (Fu *et al.*, 1998).

Métodos de tipagem HLA A - Métodos serológicos

Durante muitos anos, os antigénios HLA foram detectados através de testes de linfocitotoxicidade, inicialmente desenvolvidos por Terasaki e McClelland (1964). A tipagem serológica HLA utiliza soros específicos de antigénios para determinar o tipo HLA de uma pessoa. Os soros são preparações de origem humana que reagem a antigénios HLA específicos expressos nos glóbulos brancos. Um teste serológico é utilizado para determinar o tipo de tecido HLA de uma pessoa, identificando quais os soros que reagem aos glóbulos brancos da pessoa e quais os que não reagem. Após uma fase de incubação que dá tempo ao anticorpo para se ligar aos antigénios correspondentes nas células, é adicionado um complemento para facilitar a lise celular. As reacções são então observadas ao microscópio e classificadas de acordo com a quantidade de lise celular obtida. O tipo é determinado através da análise dos padrões de reação dos diferentes soros. A tipagem serológica é um teste menos específico do que a tipagem tecidular baseada em moléculas (Middleton, 2005).

B - Métodos moleculares

A tipagem molecular de tecidos utiliza sondas e iniciadores sintéticos normalizados para determinar o tipo de tecido HLA de uma pessoa. Estas sondas e iniciadores não reagem aos antigénios expressos nos glóbulos brancos de uma pessoa, mas ao ADN que indica quais os antigénios presentes. A produção de um amplicon indica na sequência de ADN que um alelo específico está presente na amostra do doente. Em alguns casos, o par de primers só consegue eliminar alguns dos alelos possíveis. O produto resultante é então sujeito a digestão por enzimas de restrição e análise do comprimento do fragmento para determinar a atribuição do alelo (Williams, 2001; Jaakkola *et al.*, 2004). Noutros casos, o único método fiável de determinar quais os alelos presentes é pegar no produto amplificado e efetuar uma análise da sequência de ADN. Para a tipagem HLA, surgiram os principais métodos de tipagem molecular, como a reação em cadeia da polimerase com iniciadores de sequência específica (PCR-SSP). No início dos anos 90, foram publicadas publicações sobre um método denominado PCR-SSP, baseado no Sistema de Mutação Refractária à Amplificação (ARMS). O princípio deste método é que um iniciador totalmente compatível é utilizado de forma mais eficiente na reação de PCR do que um iniciador com uma ou mais incompatibilidades. A especificidade é determinada pela utilização de iniciadores específicos da sequência, em que uma única correspondência de base 3' inibe a iniciação de reacções não específicas. Uma vez que a Taq polimerase não tem atividade de exonuclease 3'-5', os pares de iniciadores, mesmo que se juntem de forma não específica, não são amplificados de forma eficiente. Como resultado, apenas o(s) alelo(s) desejado(s) é(são) amplificado(s) e o produto amplificado pode então ser detectado por eletroforese em gel de agarose. Outros investigadores utilizaram a PCR multiplex, na qual são utilizados vários pares de primers na mesma reação. Para a avaliação, é necessário determinar o tamanho do produto da PCR, pelo que o gel tem de correr mais tempo para separar os fragmentos da PCR (Olerup e Zetterquist, 1992; Middleton, 2005).

C-Outros genes de polimorfismo.

Outros genes polimórficos que se pensa estarem envolvidos na AR são a proteína tirosina fosfatase N22 (PTPN22), a peptidil arginina desaminase tipo IV e o fator inibidor da migração de macrófagos (Lee *et al.*, 2007). Mais recentemente, verificou-se que os polimorfismos de nucleótido único (SNP) nas regiões do transdutor de sinal e ativador da transcrição 4 (STAT4) e do fator 1 associado ao recetor de TNF (TRAF1)-C5 estavam associados à AR seropositiva e a outras doenças auto-imunes (Kurreeman *et al.*, 2007).

O PTPN22 também está associado ao desenvolvimento futuro de AR e demonstrou ser um melhor preditor de AR do que o HLA-SE (Lee *et al.*, 2007). Além disso, Orozco *et al* (2008) encontraram uma ligação entre PTPN22 e anticorpos anti-CCP e que a combinação de 19

dá uma especificidade de 100% para o diagnóstico de AR. Numa coorte alemã, a frequência do polimorfismo PTPN22 1858 foi mais elevada nos homens com AR do que nas mulheres, o que sugere que esta contribuição genética para a patogénese pode ser mais importante nos homens (Pierer *et al.*, 2006). Além disso, foi estabelecida uma ligação entre o PTPN22 e a AR no Reino Unido, mas não numa população japonesa (Ikari *et al.*, 2006; Mastana *et al.*, 2007), o que sugere que o gene PTPN22 só está associado à AR em determinados grupos genéticos (Ribbhammar, 2005; Andersson *et al.*, 2008). Um polimorfismo que leva a uma substituição de arginina por triptofano no gene PTPN22 foi associado à AR em populações europeias e norte-americanas (Burkhardt *et al.*, 2006). A substituição de aminoácidos no PTPN22 afecta a interação do gene com as tirosina-quinases Src, que estão envolvidas na regulação da sinalização dos receptores das células T nos linfócitos (Bottini *et al.*, 2006).

Patogénese da AR

Existem duas teorias populares sobre a patogénese da AR. A primeira afirma que o linfócito T, ao interagir com um antigénio ainda não identificado, é a principal célula responsável pelo aparecimento da doença e pelo processo inflamatório crónico. Esta teoria baseia-se na associação conhecida da AR com antigénios de histocompatibilidade major de classe II, no grande número de células CD4 e na utilização tendenciosa de genes de receptores de células T na sinóvia da AR. A segunda teoria afirma que, embora as células T desempenhem um papel importante no início da doença, a inflamação crónica é auto-sustentada por macrófagos e fibroblastos de uma forma independente das células T. Esta teoria baseia-se na relativa ausência de células T activadas na AR crónica e na predominância de fenótipos de macrófagos e fibroblastos activados (Arend, 1997). A patogénese da AR depende, portanto, de uma série de tipos de células diferentes. Os macrófagos, que são a principal fonte de citocinas pró-inflamatórias, expressam moléculas HLA de classe II. Devido à sua proximidade com os linfócitos T, podem também atuar como células apresentadoras de antigénios, mantendo assim as respostas imunológicas na articulação. Os condrócitos também têm estas propriedades e a capacidade de apresentar antigénios específicos à cartilagem. Na AR, os condrócitos libertam enzimas de degradação e têm uma capacidade reduzida de sintetizar novos componentes da matriz. As células T na articulação reumatoide têm geralmente um fenótipo de memória CD4, expressam vários marcadores de ativação e encontram-se frequentemente na proximidade de células apresentadoras de antigénios (Lipsky, 2001). A associação geral da gravidade e progressão da doença com os alelos HLA-DR4 e DR1 sugere que as células T desempenham um papel importante na patogénese da AR (van Jaarsveld *et al.*, 1999). Produzem imunoglobulinas e auto-anticorpos, como o fator reumatoide e os anticorpos anti-colagénio, que formam complexos imunes capazes de desencadear a inflamação local e a libertação de IL-1 e TNF pelos macrófagos. Os neutrófilos são o agente inflamatório celular mais comum nas articulações inflamadas dos doentes com AR, representando cerca de 90% das células encontradas no líquido sinovial (SF). Estes neutrófilos infiltrantes são muito diferentes dos neutrófilos saudáveis, uma vez que são degranulados e vivem durante dias em vez de horas. Estes neutrófilos do SF, que exprimem moléculas MHC de classe II, estimulam a proliferação dos linfócitos T, de acordo com descobertas recentes. Esta interação entre os neutrófilos e as células T poderia revelar-se importante na patogénese da AR e conduzir ao desenvolvimento de novos alvos terapêuticos (Cross *et al.*, 2003).

Aspectos imunológicos da AR

Os receptores do tipo Toll desempenham um papel fundamental no desencadeamento da resposta inata a muitos agentes patogénicos ambientais. Há cada vez mais provas de que a estimulação inadequada destes receptores desempenha um papel na autoimunidade. Os receptores do tipo Toll também são expressos na sinóvia de doentes com AR clinicamente ativa (Rifkin *et al.*, 2005). A importância decisiva dos receptores Toll-like na produção de FR foi demonstrada com duas formas de complexos imunes: Os complexos imunes IgG2a foram capazes de estimular a produção de FR pelos linfócitos B. O trabalho subsequente mostrou que esses complexos imunes continham um antigénio nucleossómico, um antigénio que foi crucial, uma vez que os complexos imunes IgG2a produzidos com outros antigénios não tiveram qualquer efeito (Leadbetter *et al.*, 2002). Curiosamente, um papel semelhante para os receptores Toll-like na estimulação dos linfócitos B foi recentemente observado em infecções bacterianas (Soulas *et al.*, 2005). Foi também demonstrado que os receptores Toll-like são imunomoduladores e co-estimuladores patogénicos de linfócitos B auto-reactivos (Bernasconi *et al.*, 2002; Peng, 2005).

Mediadores celulares

A artrite reumatoide é uma doença inflamatória crónica que afecta principalmente as estruturas de revestimento, como os tecidos sinoviais, as bainhas dos tendões, as bursas, a pleura e o pericárdio. Caracteristicamente, estes tecidos contêm um grande número de macrófagos, o que sugere que estas células desempenham um papel crucial na patogénese da doença. Estudos indicaram que estas células fagocíticas de revestimento são essenciais para o início e a expressão da doença. Além disso, foi referido que a infiltração de monócitos/macrófagos (mas não de células T) nas articulações reumatóides se correlaciona tanto com a atividade da doença como com a progressão da destruição articular (Buch e Emery, 2002). Tem sido referido que a membrana sinovial é o alvo da doença, caracterizada por hiperplasia, aumento da vascularização e um infiltrado de células inflamatórias, principalmente células T CD4, que são o principal interveniente na resposta imunitária mediada por células e são uma caraterística constante da sinovite reumatoide (Choy e Panayi, 2001; van Roon *et al.*, 2003). Foi referido que as células infiltrantes predominantes são as células T CD4 em comparação com as células T CD8 no revestimento sinovial, mas não no líquido sinovial. ₈Estas células estão concentradas nos nódulos perivasculares, enquanto as células CD tendem a estar difusamente dispersas (Pitzalis, 1987). As células T CD4 activadas por antigénio estimulam os macrófagos, os monócitos e os fibroblastos sinoviais através de receptores específicos de células T (TCR). Esta estimulação resulta na produção de citocinas, como a interleucina-1 (IL-1), a IL-6 e o fator de necrose tumoral (TNF-a), de metaloproteinases da matriz através de sinais da superfície celular e da libertação de mediadores solúveis, como o interferão-Y (INF-y) e a IL-17 (Choy e Panayi, 2001). Foi relatado que as células T CD4 activadas desempenham outro papel, nomeadamente a estimulação das células B através do contacto com a superfície celular e as moléculas CD 28 para diferenciação em células plasmáticas que produzem FR e outros auto-anticorpos (Klippel, 2001). Os linfócitos B e a hiperatividade dos plasmócitos são cada vez mais considerados como os principais intervenientes na fase de perpetuação e iniciação da AR (Kim e Berek, 2000). Os linfócitos B activados também estão presentes no sangue periférico dos doentes com AR. O número de células B circulantes que produzem espontaneamente FR é significativamente mais elevado na AR do que em indivíduos normais. Este antigénio é normalmente expresso por células T, mas também é produzido por células B fetais e por um pequeno número de células B imaturas em adultos (He *et al.*, 2001). Por outro lado, as células B normais e as células B da AR no sangue periférico têm o mesmo número de células B que produzem anticorpos IgM para o colagénio tipo II. No entanto, as células B que se acumulam no líquido sinovial produzem anticorpos IgG que são mais susceptíveis de serem patogénicos (Cassese *et al.*, 2003). As células dendríticas são potentes células apresentadoras de antigénios que podem ser facilmente detectadas no tecido sinovial e na efusão sinovial de doentes com AR
. As citocinas abundantes na AR, como o GM-Liquor, influenciam a multiplicação e a maturação destas células apresentadoras de antigénios. As células dendríticas podem representar até 5% das células mononucleares no líquido sinovial, quase dez vezes mais do que no sangue periférico (Lee *et al.*, 2002). As células dendríticas no tecido sinovial da artrite reumatoide, que contêm a molécula coestimuladora CD,

encontram-se perto de agregados linfáticos densos e vénulas endoteliais altas e podem reagir de forma anormal às citocinas (Mac Donald *et al.,* 1999), enquanto apenas alguns leucócitos polimorfonucleares (PMNL) se infiltram na sinóvia. No entanto, foram identificadas células natural killer (NK) na sinóvia da AR. As células NK citotóxicas contêm grandes quantidades de granzimas, que são serino-proteases. Um papel imunoregulador potencialmente importante das células NK é o facto de poderem estimular as células B a produzir FR (Steiner e Smolen, 2002). A maioria das células está presente nas membranas sinoviais dos doentes com AR e, em alguns doentes, encontram-se no local da erosão da cartilagem.

Mediadores humorais

O paradigma clássico da patogénese da AR pressupõe que as células CD4 causam danos nas articulações, tanto diretamente como através da libertação de citocinas inflamatórias por células não T efectoras. As células CD4 não são, portanto, responsáveis pela lesão articular. Em vez disso, o novo paradigma centra-se na interação das células CD4 com as células B. Há provas de que as células B auto-reactivas podem ser induzidas pelas células T a produzir auto-anticorpos contra a imunoglobulina G (IgG), que podem estar diretamente envolvidos na lesão articular, e sabe-se que as células B são essenciais para a ativação das células CD4 (Kotzin, 2005). As células B, que representam 10-15% da população de células mononucleares na AR, são a fonte que se liga à cartilagem e podem ser responsáveis por atrair o pannus reumatoide em proliferação. Sabemos que a ativação do complemento por complexos imunes (ICs) desencadeia um processo de amplificação inflamatória que leva à atração de células como os leucócitos polimorfonucleares (PMNs) e os monócitos. $_5$Estes CI provocam a libertação de potentes factores quimiotácticos e anafilácticos, como o c_{3a} e o C a, que aumentam a permeabilidade vascular e atraem leucócitos polimorfonucleares para a cavidade articular. Os CI têm de ser engolidos por estas células e, por conseguinte, libertam enzimas lisossomais que produzem metabolitos activos de oxigénio e que, em interação com leucotrinas, enzimas proteolíticas e prostaglandinas produzidas localmente, participam no processo inflamatório que destrói a articulação (Terumasa, 1990; Andrew *et al.,* 1991). Embora o FR desempenhe um papel crucial na AR, não é o único auto-anticorpo, mas está associado a vários outros auto-anticorpos, alguns dos quais são utilizados para auxiliar o diagnóstico da doença (Blab, *et al.,* 1999). Estes incluem auto-anticorpos naturais, antinuclear ab (ANA), anti-queratina ab (AKA), fator perinuclear anti-IgG (APF) e anti-RA 33, que é dirigido contra dois Ags epidérmicos diferentes e parece ter uma elevada especificidade diagnóstica para a AR, com uma sensibilidade de 50% (Steiner *et al.,* 1992; Nienhuis e Mandema, 1994). Outros anticorpos são dirigidos contra Ag presentes apenas na cartilagem, como o colagénio de tipo II, IX e XI, bem como contra Ag específicos dos condrócitos, sendo o tipo IX relativamente limitado à AR (Tarkowski e Klareskog, 1989). Os anticorpos dirigidos contra Ag da membrana dos condrócitos estão presentes na AR, mas ainda não foram suficientemente caracterizados (Mollenhauer *et al.,* 1988).

Autoanticorpos

1-Fator reumatoide

Desde a descoberta do FR em 1940, numerosos estudos de investigação associaram este auto-anticorpo à fisiopatologia da artrite reumatoide grave. Desde então, foram efectuados numerosos estudos sobre a frequência, a natureza e a especificidade da AR (Mageed, 1996). Hollander e colegas demonstraram que a injeção de FR na articulação de um doente com AR resultava numa resposta inflamatória pronunciada, ao contrário da injeção de IgG (Rawson *et al.* 1969). O anticorpo RF foi descrito pela primeira vez por Waaler (1940) quando descobriu que o soro de alguns doentes com AR causava aglutinação de eritrócitos de ovelha revestidos com anticorpo de coelho. O anticorpo FR está presente em cerca de 75-80% dos doentes com AR, mas a sua especificidade é limitada, uma vez que o FR também se encontra em doentes com outras doenças auto-imunes.

(por exemplo, síndrome de Sjögren), doenças infecciosas (por exemplo, hepatite, tuberculose) e, até certo ponto, em idosos saudáveis. Apesar da sua especificidade relativamente baixa, o FR é frequentemente utilizado como marcador de diagnóstico da AR (Nowak e Newkirk, 2005). Os factores reumatóides são anticorpos dirigidos contra o fragmento FC das moléculas de IgG humana e dão origem a complexos imunes RF-IgG que se depositam nos tecidos, activam a via clássica do complemento e podem causar danos nos tecidos (Wong *et al.,* 1994; Smolen, 1996). Não é claro se o FR está diretamente relacionado com os sintomas da AR, embora o FR seja significativamente mais comum na inflamação agressiva das articulações. Uma vez que a presença de FR é um dos critérios do American College of Rheumatology para a AR, o teste é efectuado por rotina na maioria dos laboratórios clínicos. Em alguns relatórios, os níveis elevados de IgA-RF são citados como um parâmetro de atividade da doença (Pai *et al.*, 1998). Recomenda-se a determinação combinada de rotina de IgM-RF, IgG-RF e IgA-RF para melhorar a sensibilidade, a especificidade do diagnóstico e o valor preditivo (Hoessien *et al.*, 1998, Jonsson *et al.*, 1998). A presença de IgM-RF é caraterística da AR, mas devido ao seu potencial papel na regulação imunitária e na degradação de complexos imunitários, também se encontram em (a) pessoas com infecções, (b) algumas pessoas aparentemente saudáveis e (c) doentes com outras doenças auto-imunes ou processos inflamatórios. Foram descritos outros isótipos de FR, incluindo IgG-RF, IgA-RF e IgE-RF. Uma caraterística importante destes outros isótipos de FR é a sua especificidade na identificação de doentes com AR em comparação com outras doenças reumáticas (Swedler *et al.*, 1997; Jonsson *et al.*, 1998). O fator reumatoide é amplamente considerado como um importante preditor da progressão da doença, sendo que os indivíduos seronegativos apresentam geralmente sintomas relativamente ligeiros. O valor diagnóstico do teste de FR aumenta quando o título no teste de fixação do látex é superior a 20 UI/ml. No entanto, um único título não é suficiente para estabelecer o diagnóstico. Um título elevado de FR está associado a uma auto-disciplina mais grave e a um mau prognóstico (Bukhardt *et al.*, 2006; Westwood *et al.*, 2006).

Anticorpo anti-RA33 3

O antigénio RA33 é um antigénio de 33-KD reconhecido por soros de doentes com AR em immunoblots de extractos nucleares solúveis de células Hela (Hassfeld *et al.*, 1989). Este antigénio foi reconhecido por 36% dos soros de AR e apenas 1% dos soros normais. A caraterização do RA33 revelou que este é idêntico à proteína A2 do complexo heterogéneo de ribonucleoproteínas nucleares (Steiner *et al.*, 1992). As proteínas mais comuns nos complexos heterogéneos de ribonucleoproteínas nucleares, conhecidas como proteínas centrais, são denominadas A1, A2, B1, B2, C1 e C2. Pensava-se que a RA33 era um marcador de artrite precoce, mas os auto-anticorpos contra a RA33/A2 estão presentes não só em doentes com AR, mas também no lúpus eritematoso sistémico (25% dos soros estudados) e em doenças mistas do tecido conjuntivo (Hassfeld *et al.*, 1993; Skriner *et al.*, 1997).

4-antipastatina

As calpaínas são cisteína proteinases neutras dependentes de iões de cálcio. [2+2+]Existem duas formas de calpaínas: u-calpaínas, calpaína-I, que requerem concentrações micromolares de Ca para serem activas, e m-calpaínas, que requerem quantidades milimolares de Ca para serem activas. Os substratos destas enzimas são muito variados e incluem proteínas do citoesqueleto, proteínas nucleares, citocinas e proteínas da matriz extracelular, incluindo proteoglicanos (Menard e El-Amine, 1996). Foram registados níveis elevados de calpaínas extracelulares na sinóvia inflamada, o que sugere que as calpaínas são segregadas pelas células sinoviais e podem desempenhar um papel na degradação da cartilagem na AR (Yamamoto *et al., 1992;* Szomor *et al.*, 1995). Os auto-anticorpos contra a calpastatina estão presentes em aproximadamente 45% dos soros da AR, mas os soros do LED, da miosite e da esclerose sistémica também contêm anticorpos contra a calpastatina (Despres *et al.*, 1995; Mimori *et al.*, 1995). Em 1998, Lackner *et al.* demonstraram que os anticorpos contra a calpastatina também estavam presentes no soro de indivíduos saudáveis, mesmo em números comparáveis aos dos doentes com AR. Os auto-anticorpos dirigidos contra a calpastatina poderiam aumentar a atividade da calpaína, o que poderia levar a um aumento dos danos na cartilagem, contribuindo assim para a gravidade da doença (Yamamoto *et al.*, 1992).

Proteína 5 anti-Sa

O antigénio Sa é reconhecido por auto-anticorpos em cerca de 40% dos soros de AR com uma especificidade bastante elevada (92-99%), e estes anticorpos podem ser detectados numa fase inicial da doença, embora a sensibilidade seja bastante baixa (23%). O antigénio é uma proteína de 48-50 kd reconhecida por soros de AR em immunoblots contendo extractos de baço e placenta humanos (Despres *et al.* 1994). O antigénio Sa foi encontrado em células endoteliais humanas (Goldbach-Mansky *et al.*, 2000; Menard *et al.*, 2000).

Proteína de ligação à cadeia pesada 6 (p68)

Os auto-anticorpos contra a proteína p68, recentemente identificada como proteína de ligação à cadeia pesada (BiP), estão presentes em cerca de 64% dos doentes com AR e parecem ser altamente específicos desta doença. Normalmente, é expressa de forma ubíqua no retículo endoplasmático em condições de stress celular, como na sinóvia reumatoide. O antigénio BiP é também um alvo das respostas imunitárias das células T e B específicas da AR (Blae *et al.*, 1997) e está sobreexpresso no tecido sinovial da AR em comparação com o tecido de controlo (Biaʙ *et al.*, 2001; Corrigall *et al.*, 2001).

7-anti-glicose-6-fosfato isomerase

A enzima doméstica glucose-6-fosfato isomerase (GPI) foi descrita como um novo autoantigénio na AR (Schaller *et al.*, 2001). Estes anticorpos foram detectados em 64% dos doentes com AR, mas não nos controlos. Os anticorpos anti-GPI parecem ser produzidos localmente em humanos, uma vez que os títulos de anti-GPI foram mais elevados nos fluidos sinoviais da AR do que nos soros da AR (van Bokel *et al.*, 2002). As análises imunohistoquímicas da sinóvia de doentes com AR revelaram concentrações elevadas de GPI na superfície da mucosa sinovial e na superfície das células endoteliais arteriolares. É interessante e significativo que o mesmo auto-antigénio seja atacado por auto-anticorpos em doentes com AR e num modelo de rato de AR (Schaller *et al.*, 2001).

8-Anticorpos anti-fator perinuclear/anti-anticatina/antifilagrina

Em 1964, foi descrito um sistema de anticorpos altamente específico contra a AR, dirigido contra um componente proteico presente nos grânulos de querato-hialina do citoplasma das células em diferenciação da mucosa da bochecha. O antigénio foi denominado fator perinuclear e a atividade do anticorpo foi conhecida como fator anti-perinuclear (APF) (Nienhuis e Mandena, 1994). Os anticorpos APF combinaram uma sensibilidade relativamente elevada (dependendo da coorte de doentes estudada, estavam presentes em 49% a 91% dos doentes com AR) com uma especificidade elevada de 73% a 99% (Hoet e Van Venrooij, 1992). Estes grânulos são estruturas amorfas com peso entre 0,5 e 4 g, constituídas por proteínas densamente compactadas, localizadas no citoplasma das células epiteliais (Palosuo *et al.*, 1998; Paimela *et al.*2001). Um grupo relacionado de auto-anticorpos específicos da AR, denominado anticorpos anti-queratina (AKA), foi descrito pela primeira vez em 1979 (Young *et al.*, 1979). Estes anticorpos coram estruturas semelhantes à queratina na camada queratinizada de secções criostáticas do esófago, mas não reconhecem citoqueratinas, como o seu nome sugere. O AKA pode ser detectado por imunofluorescência indireta em 36-59% dos soros de AR com uma especificidade de 88-99% (Hoet e Van Venrooij, 1992). Vários estudos demonstraram que os anticorpos APF e AKA têm como alvo o mesmo antigénio, a proteína epitelial filagrina (Sebbag *et al.* 1995). A filagrina (proteína agregadora de filamentos) está envolvida na organização das estruturas do citoesqueleto nas células epiteliais.

Anticorpo contra o péptido citrulinado anticíclico 9

A história dos anticorpos dirigidos contra proteínas citrulinadas começou exatamente há quatro décadas, quando foram descritos anticorpos anti-FPA (fator anti-perinuclear) (Nienhuis e Mandena, 1964). A descoberta da filagrina (uma proteína naturalmente citrulinada na epiderme) levou à descoberta do antigénio comum contra o qual tanto o APF como o AKA são dirigidos (Sebbag *et al.*, 1995; Hoet *et al.*, 1991). Desde o primeiro relato, em 1998, de que os anticorpos que reagem a péptidos sintéticos contendo o aminoácido citrulina são altamente específicos da AR (Schellekens *et al.*, 1998), foram desenvolvidos novos testes para detetar anticorpos específicos da AR utilizando filagrina isolada como antigénio (Nogueira *et al.*, 2001). Os anticorpos anti-citrulina dirigidos contra um péptido circular (um anel de aminoácidos) denominado citrulina é um aminoácido não normalizado, uma vez que não é incorporado nas proteínas durante a síntese proteica. No entanto, pode ser produzida por modificação pós-traducional de resíduos de arginina por enzimas peptidilarginina deiminase (PAD) (Steiner e Smolen, 2002; Vossenaar *et al.* 2003). Durante a conversão da arginina em citrulina, um grupo amino é substituído por um átomo de oxigénio na cadeia lateral deste aminoácido, o que é acompanhado pela perda de uma carga positiva (a pH neutro) (2.4). Embora esta transformação implique uma modificação química relativamente fraca da proteína em causa, a reatividade dos auto-anticorpos que reagem com epítopos contendo citrulina parece depender fundamentalmente da presença de um resíduo de citrulina (Schellekens *et al.*, 1998). Existem cinco isótipos desta enzima; na sinóvia inflamatória da AR, a PAD é expressa num grande número de tecidos, incluindo músculo, cérebro e células hematopoiéticas (Nagata e Senshu, 1990; Ishigami *et al.*, 2002). A peptidilarginina deiminase 4 (PAD4) encontra-se principalmente nas células hematopoiéticas. Estas enzimas causam a citrulinação local de proteínas sinoviais, como a fibrina (Vossenaar *et al.*, 2003). A PAD6 (originalmente denominada ePAD) só é expressa em óvulos e tecidos embrionários (Vossenaar *et al.*, 2003; Wright *et al.*, 2003).

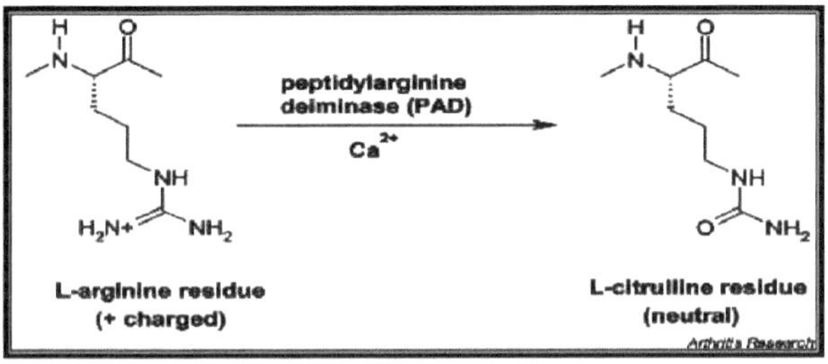

Figura (2.4):- A conversão enzimática da peptidil-arginina em peptidil-citrulina (Van Boekel *et al.*, 2002).

O anticorpo anti-citrulina é formalmente conhecido como anticorpo anti-péptido cíclico citrulinado (anticorpo CCP IgG) (Chapuy-Ragaud *et al.*, 2003). As proteínas citrulinadas foram encontradas nas articulações de doentes com artrite reumatoide, mas não noutras formas de doença articular. A presença de proteínas citrulinadas nas articulações corresponde à presença de anticorpos anti-citrulina no sangue e sugere um possível papel destes anticorpos no desenvolvimento da artrite reumatoide (Rantaba-Dahlqvist *et al.*, 2003). Os anticorpos anti-CCP pertencem predominantemente à classe IgG, embora também possam ser detectados anticorpos anti-CCP IgM e IgA, embora com uma prevalência muito menor (Silman e Pearson, 2002).

Os dados de modelização molecular indicam que os péptidos que contêm citrulina, mas não arginina, podem ser ligados por moléculas MHC *0401. Esta interação específica da citrulina poderia estar na base de uma resposta imunitária específica da citrulina (Hill *et al.*, 2003). Estes dados sugerem que a estrutura específica das moléculas HLA-DR4 desempenha um papel importante no desencadeamento da autoimunidade contra as proteínas citrulinadas. No entanto, o HLA-DR4 não é necessariamente necessário para o desenvolvimento de anticorpos anti-CCP (Goldbach-Mansky *et al.*, 2000; Berglin *et al.* 2003). Embora não existam provas diretas do papel dos anticorpos anti-CCP na fisiopatologia da AR, apresentamos um possível mecanismo através do qual os anticorpos anti-CCP podem contribuir para a progressão da doença. Uma pequena quantidade de inflamação inicial pode levar à morte de células contendo PAD e à formação de proteínas citrulinadas sinoviais (Wright *et al.*, 2003). Nos doentes anti-CCP positivos, os anticorpos anti-CCP produzidos localmente formam complexos imunes com estas proteínas citrulinadas; os complexos imunes levam então à ativação de células inflamatórias e à produção de citocinas pró-inflamatórias, que promovem a infiltração de outras células inflamatórias na sinóvia, que acabam por morrer e levam à produção de mais proteínas citrulinadas. Desta forma, os anticorpos anti-CCP podem contribuir para a perpetuação da inflamação e para a cronicidade da doença (Lard *et al.*, 2003).

- **Aplicação clínica do anti-CCP**

Em muitos casos iniciais de AR, os sintomas clínicos são ligeiros e inespecíficos, e os doentes não cumprem os critérios de classificação ACR para AR. Por isso, a deteção de um auto-anticorpo específico da doença, como o anti-CCP, pode ser de grande importância diagnóstica e terapêutica (Jansen *et al.*, 2002). Os anticorpos anti-CCP podem ser detectados em aproximadamente 50-60% dos doentes com AR precoce no início da doença (por exemplo, no primeiro encontro com um especialista, normalmente após 3-6 meses de sintomas), uma vez que são frequentemente

pode ser detectado antes da manifestação clínica completa da doença (Saraux *et al.*, 2001; Nielen *et al.*, 2004;

van Gaalen *et al.*, 2004). A especificidade do anti-CCP é de 95-98% para formas indiferenciadas de artrite que não progridem para AR (Lee e Schur, 2003; Lopez-Hoyos *et al.*, 2004). A utilização dos resultados do anti-CCP para decidir se um doente deve ou não ser tratado de forma agressiva numa fase inicial é uma área de investigação importante. Além disso, a relação entre o nível de anticorpos anti-CCP e diferentes medidas terapêuticas está atualmente a ser investigada (Vosnsenaar e Venrooij, 2004).

Citocinas

As citocinas são mensageiros proteicos que transmitem informações entre e dentro das células através de moléculas receptoras específicas na superfície celular. A libertação de citocinas específicas na circulação do corpo tem sido observada num grande número de doenças inflamatórias, incluindo a AR. A sua concentração reflecte geralmente a gravidade e o prognóstico da doença (Goronzy e Weyand, 2009). No entanto, dado que a maioria das citocinas são expressas apenas transitoriamente e podem ser induzidas ou inibidas por outras citocinas, pensa-se que existe uma rede de citocinas em que estas se regulam mutuamente (Paramalingam *et al.*, 2007). Uma rede complexa de citocinas está envolvida na função imunitária normal, e esta rede consiste em ciclos de feedback positivo e negativo que reforçam ou suprimem a resposta. Dados recentes sugerem que muitas doenças imunomediadas, incluindo as doenças reumáticas, estão associadas a uma regulação anormal das citocinas. Isto pode resultar quer numa produção deficiente de factores supressores quer numa produção excessiva de citocinas pró-inflamatórias (Mcinnes *et al.*, 2008).

As citocinas são ainda divididas em citocinas pró-inflamatórias (TNF-a, IFN-ɣ, IL-1, IL-2, IL-6, IL-8, IL-12 e IL-18) e citocinas anti-inflamatórias (IL-4, IL-10 e TGF-в). Na AR, o equilíbrio entre as citocinas pró-inflamatórias e anti-inflamatórias determina o grau e a extensão da inflamação e pode, por conseguinte, conduzir a diferentes efeitos clínicos. As citocinas anti-inflamatórias ou os antagonistas das citocinas opõem-se aos efeitos das citocinas pró-inflamatórias, pelo que a concentração relativa de uma citocina em relação ao seu inibidor ou antagonista determina o seu efeito final (Bingham, 2002; Choy e panayi, 2001; paramalingam *et al.*, 2007).

* **Interleucinas (IL-s) :**

Este termo foi utilizado em 1979 para designar uma vasta gama de proteínas segregadas por certos leucócitos e que actuam sobre outros leucócitos; desempenham assim um papel importante no desenvolvimento de uma reação inflamatória aguda ou crónica (Houssiau, 1995).

A. Interleucina-1 (IL-1) :

A interleucina-1 (IL-1) é uma proteína de 17 kd e um membro da superfamília de citocinas IL-1, que são de dois tipos A interleucina-1 alfa (IL-1 *a*) e a IL-1 beta (IL -1в) são citocinas pró-inflamatórias envolvidas na defesa imunitária contra a infeção, ambas produzidas por macrófagos, monócitos, células dendríticas, linfócitos B e células T activadas (Koch *et al.* 1995). A IL-1 está envolvida numa variedade de respostas imunitárias, com um papel principal na inflamação, o que faz da IL-1 um alvo para a artrite reumatoide. A IL-1 *a* e -в são produzidas como péptidos precursores que sofrem um processamento proteolítico e são libertadas em resposta a lesões celulares, desencadeando a apoptose. A produção de IL-1e nos tecidos periféricos também tem sido associada à hiperalgesia relacionada com a febre (aumento da sensibilidade à dor) (Huising *et al.*, 2004). A interleucina-1 beta tem sido considerada um mediador da inflamação na AR, mas pouco se sabe sobre a citocina IL-1a, que tem propriedades biológicas semelhantes às da IL-1 в, mas que, ao contrário da IL-1 в, permanece em grande parte associada às células nesta doença (Graudal *et al.*, 2002). A interleucina-1a é uma citocina pleiotrópica envolvida em várias reacções imunitárias, processos inflamatórios e hematopoiese. É produzida sob a forma de uma proproteína que é processada proteoliticamente pela calpaína e libertada por um mecanismo que ainda não foi bem estudado. Este gene e oito outros genes da família da interleucina-1 formam um grupo de genes de citocinas no cromossoma 2. O polimorfismo destes genes foi associado à artrite reumatoide e à doença de Alzheimer (Dinarello, 1994). Tal como o TNF-a, a interleucina-1 pode causar lesões ao estimular a libertação de metaloproteinases da matriz a partir de fibroblastos e condrócitos. As concentrações de antagonistas dos receptores de IL-1 estão elevadas no líquido sinovial de doentes com artrite reumatoide, mas não o suficiente para suprimir a inflamação (Mac Naul *et al.*, 1990; Shingu *et al.*, 1993).

B-interleucina-2 (IL-2) :

A interleucina-2 é uma citocina derivada de células T que actua como um fator de crescimento para células T autócrinas ou parácrinas. Inicialmente, a sua presença no líquido sinovial foi detectada através de testes biológicos, mas os anticorpos monoclonais específicos que bloqueiam o recetor da IL-2 não interferem com esta atividade (Miossec *et al.*, 1990). Imunoensaios mais específicos mostraram que a IL-2 só é detectada numa pequena percentagem de efusões sinoviais e tecidos sinoviais da AR e, quando está presente, é apenas em baixas concentrações. Os resultados dos estudos sobre a expressão do gene da IL-2 no tecido sinovial são mistos e, em alguns estudos, foi detectado ARNm específico da IL-2 sem produção de proteínas, o que pode indicar que as células T são anérgicas (Chabaud *et al.*, 1999).

C -Recetor da interleucina-2 (IL-2R) :

O recetor da interleucina-2 (IL-2R) é uma proteína heterotrimérica expressa na superfície de certas células imunitárias, como os linfócitos T activados, as células NK, os monócitos, os eosinófilos e certas células tumorais (Waldmann *et al.*, 1984; Rand *et al.*, 1991; Rimoldi *et al.*, 1993). Presume-se que os ectodomínios do IL-2R são clivados proteoliticamente a partir da superfície celular e não são produzidos por splicing pós-transcricional (Sheu *et al.*, 2001; Witkowska, 2005). Este recetor de membrana é importante para a estimulação celular pela IL-2, uma das principais interleucinas do sistema imunitário, que existe em três formas diferentes: Cadeias alfa (IL-2R *a*), beta (*IL-2R^*) e gama (*IL-2Ry*). As cadeias proteicas (a, в е Y) não estão ligadas covalentemente umas às outras e formam a IL-2R. As cadeias a e в estão envolvidas na ligação da IL-2, enquanto a transdução de sinal após a interação com a citocina é realizada pela cadeia y com a subunidade в. As cadeias в e Y do IL-2R pertencem à família dos receptores de citocinas do tipo I (Wang *et al.*, 2000; Rickert *et al.*, 2004). Nassonoy *et al* (2000) encontraram níveis aumentados de IL-2R tanto no soro/plasma como no líquido sinovial. Verificou-se que os níveis elevados de IL-2R na SF eram produzidos por células mononucleares. Estudos clínicos alargados mostram que a concentração sérica de IL-2R está relacionada com a duração da doença e que uma diminuição da concentração de IL-2R pode dever-se à melhoria das articulações (Rubin & Nelson, 1990; Tebib *et al.*, 1995). Curiosamente, Klimiuk *et al* (2003) sugerem que a concentração sérica de sIL-2R está relacionada com o perfil histológico da sinovite. Estudos anteriores não confirmaram uma correlação entre estas duas variáveis (Tebib *et al.*, 1995).

D- Interleucina-4 (IL-4) :

É produzida pelas células Th2 CD4 e pelos mastócitos e está envolvida na diferenciação e no crescimento das células B (Isomaki & Punnonen, 1997). Por conseguinte, inibe a ativação das células Th1, o que, por sua vez, reduz a produção de IL-2 e de TNF-a e inibe as lesões da cartilagem (Moore *et al.*, 1993). Suprime igualmente a produção de IL-6 e IL-8, que podem desempenhar um papel na redução da inflamação (Chomarat *et al.*, 1995; Sugivama *et al.*, 1995).

E- Interleucina-6 (IL-6) :

É uma citocina inflamatória pleiotrópica produzida por células T-Helfer-2, monócitos, macrófagos e fibroblastos (Van Snick, 1990). Numerosos estudos demonstraram que a IL-6 induz a maturação final dos linfócitos B em plasmócitos e estimula a secreção de anticorpos. Ao mesmo tempo, está envolvida em vários processos biológicos, como a ativação dos hepatócitos e, por conseguinte, a indução da síntese de proteínas de fase aguda, a proliferação de fibroblastos sinoviais e a promoção da diferenciação das células estaminais mielóides (Van Snick, 1990; Papanicolaou *et al.*, 1998; Goldsby *et al.*, 2000).

F- Interleucina-10 (IL-10) :

Esta IL é produzida por monócitos, macrófagos, células B e células T activadas. Foi proposto que esta interleucina inibe a produção de várias citocinas, como a IL-1 e o TNF-a (Isomaki e Punnonen, 1997). Ao mesmo tempo, pode inverter a degenerescência da cartilagem mediada por células mononucleares estimuladas por Ag em doentes com AR (Van Roon *et al.*, 1996).

G-interleucina-17 (IL-17) :

A citocina Th1 IL-17 está presente em baixas concentrações nas efusões sinoviais da AR, mas é funcionalmente relevante. Esta interleucina imita muitas das actividades da IL-1 e do TNF-Y no que diz respeito à função dos sinoviócitos semelhantes a fibroblastos, incluindo a indução de colagenase e a produção de citocinas (Chabaud *et al.*, 2001). Mais importante ainda, a IL-17 derivada de células T pode atuar sinergicamente com a IL-1 e o TNF-Y no tecido sinovial, activando os sinoviócitos para produzirem MMPS e outras citocinas pró-inflamatórias. Os sinoviócitos exprimem receptores específicos de IL-17 que, quando activados, podem ativar o fator de transcrição e desencadear uma cascata de inflamação. Para além da sua ação nas células mesenquimatosas, a IL-17 pode também estar envolvida na erosão óssea, aumentando a ativação dos osteoclastos (Lubberts *et al.*, 2000).

Fator de necrose tumoral H - alfa (TNF-a) :

Esta citocina é uma proteína solúvel de 17 kd, composta por três subunidades idênticas, que exerce múltiplos efeitos estimulando um grande número de células. É produzida principalmente por monócitos e macrófagos, mas também por células B e fibroblastos. O TNF-a recém-sintetizado é incorporado na membrana celular, sendo depois libertado por clivagem do seu domínio de ligação à membrana por uma serina metaloproteinase. A secreção de TNF-a poderia, por conseguinte, ser suprimida por inibidores desta enzima. Talvez o aspeto mais estudado do *TNF-a* seja a sua capacidade de promover a inflamação. É simultaneamente um estimulador autócrino e um potente desencadeador parácrino de outras citocinas inflamatórias, incluindo a interleucina-1, a interleucina-6, a interleucina-8 e o fator estimulador de colónias de granulócitos e monócitos (Nawroth *et al.*, 1986; Hawroth *et al.*, 1991; Butter *et al.*, 1995). Além disso, promove a inflamação ao induzir os fibroblastos a expressarem moléculas de adesão, como a molécula de adesão intercelular 1. Estas moléculas de adesão interagem com os respectivos ligandos na superfície dos leucócitos, resultando num aumento do transporte de leucócitos para os locais de inflamação, incluindo as articulações em doentes com artrite reumatoide (Chin *et al.*, 1990).

I-interferão-gama (IFN - Y) :

O interferão-Y (IFN-Y) é uma citocina produzida pelas células T que actua sobre uma multiplicidade de outras células na sinóvia da AR. Desempenha um papel crucial na ativação das células endoteliais e dos macrófagos, pelo que é considerada uma citocina altamente pró-inflamatória. Aumenta igualmente a expressão das moléculas MHC de classe II, melhorando a capacidade das células para apresentar antigénios. HNa AR, poderia, por conseguinte, antagonizar os efeitos estimulantes do TNF-a em muitas funções dos fibroblastos sinoviais, uma vez que inibe as células T 2 e incentiva as células B em proliferação a mudar de classe para IgG2 em vez de IgG1.

bloqueia a mudança de classe induzida pela IL-4 para IgE e IgG1 (Goldsby *et al.* 2000). Esta citocina foi o primeiro alvo da investigação de citocinas na AR. Isto deveu-se em parte à disponibilidade de bioensaios sensíveis para o IFN. O líquido sinovial de doentes com AR mostrou uma atividade semelhante à do IFN utilizando ensaios de inibição da citopatia viral, que tiram partido do facto de o interferão proteger as células contra infecções virais. A presença da expressão de HLA-DR no líquido sinovial da AR também indicou a presença de IFN-gama, sendo esta citocina o mais potente indutor conhecido de DR. Estas observações, juntamente com estudos subsequentes que demonstraram a atividade putativa da IL-2 nos derrames sinoviais e a presença de marcadores de superfície das células T associados à ativação do HLA-DR, apoiaram a hipótese de que as células T são altamente activadas na AR e que o meio local contém concentrações consideráveis de citocinas derivadas das células T (Arend, 2001).

J -Fator estimulador de colónias de granulócitos-macrófagos (GM-CSF) :

Os factores estimuladores de colónias (CSF) são uma família de factores de crescimento polipeptídicos essenciais para o desenvolvimento de células hematopoiéticas, incluindo o CSF-1 e o GM-CSF (macrófagos de granulócitos). O GM-CSF é uma citocina que actua como fator de crescimento dos glóbulos brancos. Também induz os neutrófilos a expressarem o marcador de ativação CD69 na sua superfície (Atzeni *et al.*, 2002; Tortorella *et al.*, 2007). Esta citocina tem sido postulada como um elemento importante na AR. É uma das moléculas efectoras, juntamente com os macrófagos, as células endoteliais e os fibroblastos, que se originam a partir de células T activadas e conduzem ao crescimento e à diferenciação das células precursoras da medula óssea, activando assim os macrófagos e aumentando a expressão das moléculas HLA de classe II, o que leva a uma auto-reativação a longo prazo (Alvaro-Gracia *et al.*, 1999). É um potente indutor de macrófagos e o principal indutor da expressão de HLA-DR nas células sinoviais (mais forte do que o IFN-Y). Regula a função dos neutrófilos, incluindo a citotoxicidade dependente de anticorpos, a fagocitose, a quimiotaxia e a produção de radicais de oxigénio (Alvaro-Gracia *et al.*, 1999). Clinicamente, foi relatado que o GM-CSF é produzido em grandes quantidades por sinoviócitos de doentes com AR *in vitro* (Katano *et al.*, 2009). Foi detectado no FS de doentes com AR, pelo que o GM-CSF pode contribuir para a inflamação e a destruição das articulações na AR através da ativação dos neutrófilos. Esclarecer os efeitos do GM-CSF nos neutrófilos seria, por conseguinte, muito útil para compreender a patogénese da AR (katano *et al.*, 2009). Nas lesões da AR, os macrófagos foram identificados como células centrais, uma vez que são conhecidos por serem uma fonte importante de factores de crescimento e mediadores da destruição dos tecidos, como a IL-1, o fator de necrose tumoral alfa (TNF-a) e as células CSF, bem como quimiocinas como a proteína inflamatória de macrófagos 1a (MIP-1a) e a IL-8 (Firestein e Zvaifler, 1990; Burmester *et al.*, 1997). De facto, a maioria das citocinas detectadas nas articulações da AR tem origem nos macrófagos. Foi postulado que pode existir uma rede local de células do líquido cefalorraquidiano (LCR) que serve para controlar as complexas interações celulares e os danos tecidulares resultantes nas lesões artríticas (Bischof *et al.*, 2000).

fator de crescimento tumoral K (TGF) :

Nos últimos anos, foi demonstrado que o TGF-a desempenha um papel em doenças reumáticas como a AR e o lúpus eritematoso sistémico (LES). O fator de crescimento tumoral - a, originalmente descoberto como um fator de crescimento, tornou-se uma citocina imunoreguladora central (Cho *et al.*, 2006). Pensa-se geralmente que tem um efeito inibitório nos processos inflamatórios. É por esta razão que a regulação positiva do TGF-a pode levar a uma atenuação dos processos inflamatórios. Em estudos in vivo, sinoviócitos semelhantes a fibroblastos derivados da sinóvia reumatoide mostraram, quando pré-incubados com TGF-a, uma regulação negativa induzida por IFN-Y da proteína DR e da expressão do ARNm do HLA-DRB. Num pequeno grupo de doentes com AR com doença ativa, os níveis sanguíneos de TGF-a também se revelaram baixos em comparação com os controlos (Paramalingam *et al.* 2007).

Diagnóstico de AR
Caraterísticas clínicas

A artrite reumatoide é uma doença inflamatória sistémica crónica caracterizada por dor e inchaço das articulações, destruição das articulações e formação de pannus (Weyand e Goronzy, 1990). O início clínico da AR pode ser agudo, progressivo ou subagudo. O início progressivo é o mais comum e ocorre em pelo menos 50% dos novos casos (Fleming *et al.* 1976).

Os primeiros sintomas podem ser sistémicos ou articulares. Em algumas pessoas, a fadiga, a sensação de mal-estar, o inchaço das mãos ou a dor difusa no sistema músculo-esquelético podem ser os primeiros sintomas inespecíficos, sendo as articulações afectadas apenas mais tarde. A rigidez matinal pode surgir mesmo antes da dor e está relacionada com a acumulação de líquido edematoso nos tecidos inflamados durante o sono (Harris, 2005). O sinal clínico mais caraterístico da AR inicial é a artrite que afecta as articulações metacarpofalângicas (MCP) e interfalângicas proximais de ambas as mãos (Issa e Ruderman, 2004). O envolvimento dos pés, particularmente das articulações metatarsofalângicas (MTP), também é comum na AR inicial e segue um padrão semelhante ao da mão. As grandes articulações tornam-se normalmente sintomáticas depois das pequenas articulações. É raro que os sintomas desapareçam completamente numa articulação e se desenvolvam noutra. Esta caraterística da artrite distingue a AR da febre reumática, na qual é comum um verdadeiro padrão de migração da artrite (Mens, 1987; Harris, 2005). A articulação maxilofacial (ATM) é frequentemente afetada na AR. Os únicos achados específicos da AR na ATM são as erosões e os quistos do côndilo mandibular, que podem ser demonstrados por tomografia computorizada (TC) ou ressonância magnética (RM) (Goupille *et al.*, 1990; Williams e Fye, 2003).

❖ **Manifestações extra-articulares**

As manifestações extra-articulares podem preceder o aparecimento de sintomas articulares. Os factores preditivos para o desenvolvimento de manifestações extra-articulares incluem doença articular grave, um teste positivo para anticorpos antinucleares (ANA), FR IgA, nódulos reumatóides e determinados haplótipos HLA-DR (Ruddy *et al.*, 2001).

❖ **Outros eventos**

A ceratoconjuntivite sicca é o problema ocular mais comum associado à AR e ocorre em doentes com síndrome de Sjogren. A episclerite, um processo inflamatório relativamente assintomático que não requer tratamento específico, é o problema ocular mais comum em doentes sem síndrome de Sjogren ou esclerite (Williams e Fye, 2003), e a manifestação respiratória mais comum da AR é a pleurisia. Os derrames pleurais na AR têm normalmente níveis elevados de proteínas e baixos níveis de glucose, mas a contagem de glóbulos brancos é inferior a 5000 células/microlitro (Williams e Fye, 2003). Além disso, na maioria dos doentes com AR seropositiva, o coração também é afetado. A manifestação mais comum é a pericardite. Embora seja geralmente assintomática, pode ser acompanhada de derrame pericárdico e do desenvolvimento de pericardite aguda ou crónica com tamponamento (Ruddy *et al.*, 2001).

❖ Radiografias

As radiografias das mãos e dos pés são geralmente efectuadas em pessoas com artrite reumatoide. No caso da artrite reumatoide, podem não mostrar alterações nas fases iniciais da doença, mas nos casos mais avançados, podem ser observadas erosões e perda óssea. Podem ser efectuadas radiografias de outras articulações se surgirem sintomas como dor ou inchaço nessas articulações. Outras técnicas de imagiologia, como a ressonância magnética e a ecografia, são também utilizadas na artrite reumatoide (Majithia e Geraci, 2007).

Manifestações hematológicas

A maioria dos doentes com AR apresenta anemia hipocrómica normocítica como parte de uma doença crónica. A AR ativa é normalmente acompanhada por um aumento da taxa de sedimentação de eritrócitos (ESR), da proteína C-reactiva (CRP) e da trombocitose. O risco de linfoma em doentes com AR é independente da terapêutica imunossupressora e é duas a três vezes superior ao da população em geral (Anderson, 2001; Lipsky, 2001; Bowman, 2002).

2.6.1.2 : Marcadores imunológicos

A- Fator reumatoide

O fator reumatoide não é suficientemente sensível nem específico para excluir ou confirmar a AR. O FR está presente em 70-80% dos doentes com AR. Isto significa que 20-30% dos doentes com AR são negativos para o FR. O FR é muito útil como indicador de prognóstico em doentes com AR. As pessoas com AR que são RF-positivas têm geralmente uma doença mais agressiva. Também é útil para confirmar a impressão clínica de que a artrite semelhante à AR tem ainda mais probabilidades de ser AR. É também utilizado em doentes com síndroma de Sjögren para prever o desenvolvimento de linfomas. A produção do fator reumatoide pode ser uma forma de o sistema imunitário aumentar o tamanho dos complexos imunes (CI) para que possam ser mais facilmente eliminados pelo baço e por outros órgãos imunitários. Os testes de aglutinação em látex ainda são muito utilizados, embora estejam a ser substituídos por outros métodos, como o ELISA e a nefelometria, que podem ser realizados por uma máquina em vez de manualmente para melhorar a normalização e a reprodutibilidade (Pisetsky, 2002). O teste nefelométrico é geralmente expresso em unidades internacionais e o intervalo normal depende do laboratório, geralmente < 20 UI.

B- Anti-CCP :

Um bom marcador serológico da AR deve ser altamente específico para a doença e capaz de distinguir a AR de outras artrites que a imitam. Os estudos mostram claramente que o anti-CCP precede o aparecimento da AR em mais de um ano. O teste ELISA é geralmente utilizado para detetar a quantidade de anti-CCP nos soros da AR (Rantappaa-Dahlqvist *et al.*, 2003).

C- Anticorpos antinucleares (ANA).

Os anticorpos antinucleares (ANA), também conhecidos como fator antinuclear ou (ANF), são anticorpos dirigidos contra o conteúdo do núcleo das células (Kavanaugh *et al.*, 2000), e existe uma grande variedade de padrões, incluindo padrões periféricos, difusos e salpicados. No entanto, os próprios padrões carecem de especificidade e podem variar de observador para observador (Tan *et al.*, 1997). Trata-se de um grupo diversificado de Abs, sendo a especificidade contra Ag intracelular mais fortemente associada ao LES (em 80-90% dos casos) e ao lúpus induzido por fármacos, mas há uma série de outras doenças associadas aos ANA, incluindo a síndrome de Sjogren (60%), a esclerose sistémica progressiva, as doenças mistas do tecido conjuntivo e a AR (30%) (Craft e Hardin, 1993). No entanto, algumas doenças não reumáticas também estão associadas à presença de ANA, incluindo a tiroidite de Hashimoto, a doença de Graves, a hepatite autoimune, a cirrose biliar primária e uma série de infecções crónicas, como a hepatite C e o vírus da imunodeficiência humana. No entanto, alguns ANA encontrados em indivíduos saudáveis apresentam títulos elevados (Tan *et al.*, 1997). Os testes específicos de ANA são úteis para o diagnóstico de certas doenças reumáticas associadas a anomalias do sistema imunitário.

D- anticorpos contra o ADN de cadeia dupla.

Os doentes com lúpus eritematoso sistémico ou artrite reumatoide, ou os doentes expostos a fármacos, incluindo os inibidores do fator de necrose tumoral alfa, frequentemente utilizados no tratamento da artrite reumatoide, podem apresentar níveis moderados a elevados de anticorpos contra o ácido desoxirribonucleico (ADN) (Reichlin e Shmerling, 2008). É geralmente aceite que estes Abs são bastante específicos para o LES, aparecem em 70% ou mais destes doentes e estão associados à atividade da doença. No entanto, só são detectados em menos de 5% dos doentes com AR (Ghiran *et al.*, 2000). São utilizadas várias técnicas para detetar estes Abs, incluindo a fixação do complemento, a imunodifusão e a hemaglutinação, mas a maioria dos laboratórios utiliza radioimunoensaios ou ELISA (Staller, 1962; Smeenk *et al.*, 1990).

E- Complementos (Cs)

Apesar da patogénese enigmática da AR, existem provas claras de que o sistema do complemento pode estar envolvido na patogénese. Foram observados níveis elevados de produtos C e complexos imunes (CI) no soro e no líquido sinovial de doentes com AR (Shingu *et al.* 1994) e correlacionam-se com a atividade da doença. É geralmente aceite que o sistema do complemento é tradicionalmente ativado principalmente por bactérias ou complexos imunes, que têm sido considerados desencadeadores da ativação do complemento na AR, mas os complexos imunes na AR parecem ter um efeito muito limitado na ativação do sistema do complemento. Foi demonstrado que a proteína C-reactiva é um estímulo adicional para este sistema (Hack *et al.*, 1984; Sato *et al.*, 1993). A concentração do complemento é medida como os componentes do complemento, C3 e C4, utilizando diferentes técnicas como RIA, ELISA e RID, utilizando anticorpos específicos para a proteína a ser estudada (Roitt *et al.*, 1998; Pisetsky, 2002).

E- Teste da proteína C-reactiva :

O teste é utilizado para detetar a PCR (uma proteína anormal que aparece na fase aguda de qualquer doença febril). Este teste é utilizado para determinar a progressão da AR; é uma reação de aglutinação passiva. Um título > 20 é positivo para AR ativa (Pisetsky, 2002).

Citocinas F séricas

Foi demonstrado que as citocinas desempenham um papel importante na patogénese da AR (Brennan e Ncinnes, 2008). Vários estudos indicam que estas proteínas são potentes mediadores locais da inflamação extensa e da destruição das articulações na AR (Hickling *et al.*, 1982; Bull *et al.*, 1989). Uma vez que várias citocinas e anomalias dos receptores de citocinas têm sido associadas a doenças sistémicas auto-imunes, algumas delas podem estar envolvidas em doenças sistémicas. Por conseguinte, algumas delas podem estar envolvidas na desregulação das respostas imunitárias e na promoção da auto-reatividade, enquanto outras não estão. Foram utilizados métodos ELISA para detetar concentrações elevadas de citocinas circulantes (IL-1, IL-6, TNF-a e IL-8) no soro de doentes (Barkely *et al.*, 1989; Maini e Feldmann, 1998).

2.7 Lúpus eritematoso sistémico

O lúpus eritematoso sistémico é uma doença inflamatória crónica, multifacetada e autoimune que pode afetar todos os sistemas orgânicos do corpo, mas que danifica mais frequentemente o coração, as articulações, a pele, os pulmões, os vasos sanguíneos, o fígado, os rins e o sistema nervoso, podendo por isso ser fatal. O curso da doença é imprevisível, com episódios alternados de doença (chamados recaídas) e remissões. A doença pode surgir em qualquer idade, sendo a idade máxima de início entre os 20 e os 40 anos. Ocorre mais frequentemente nas mulheres (nove vezes mais do que nos homens), sobretudo em pessoas de origem não europeia (Alarcón *et al.*, 1999). A causa exacta da doença permanece desconhecida. Existem provavelmente três mecanismos pelos quais o lúpus se desenvolve:

Predisposição genética: Vários genes parecem influenciar a probabilidade de uma pessoa desenvolver lúpus quando este é desencadeado por factores ambientais. Os genes mais importantes encontram-se no cromossoma 6, onde as mutações podem ocorrer por acaso ou ser herdadas.

Factores ambientais: incluem certos medicamentos (como certos antidepressivos e antibióticos), stress extremo, exposição solar (UV), hormonas e infecções (vírus, bactérias, etc.).

Capítulo 3: Materiais e métodos

Temas

Foram examinados três grupos de estudo, incluindo :

Grupo de doentes

Um total de 100 doentes iraquianos com AR, com idades compreendidas entre os 20 e os 75 anos. Estes doentes frequentaram a clínica especializada em reumatologia do Hospital Universitário de Bagdade de março de 2008 a março de 2009. O exame clínico foi efectuado por um comité de reumatologia dirigido pelo Dr. Khudhair Al-Badri.

Grupo de controlo da doença

Os grupos de lúpus eritematoso sistémico (LES) foram comparados com o grupo de AR e com os grupos de controlo saudáveis com base na idade, sexo e etnia. Trinta doentes com LES foram incluídos neste estudo como grupo de controlo da doença, uma vez que os sintomas desta doença são muito semelhantes aos da AR.

Grupo de controlo saudável

Cem pessoas aparentemente saudáveis foram incluídas neste estudo como grupo de controlo saudável. Foram selecionadas a partir de dadores de bancos de sangue sem história ou sinais clínicos de AR ou de qualquer outra doença crónica e sem anomalias aparentes.

Materiais:-

Equipamento:-

O equipamento utilizado no estudo é apresentado a seguir:

Equipamento	Empresa / Origem
Um turbilhão de carros	Stuart Scientific, Reino Unido
Balanço	Sartorius, Alemanha
Analisador Bio Doc	Biometra ,Alemanha
Centrifugadora a frio	MSE, Chilspin
Centrifugadora Eppendorf 5702 R	Eppendorf, Alemanha
Microsseringas Hamilton de 50, 100 e 250 MILÍMETROS	Hamilton, Estados Unidos.
Câmara de eletroforese horizontal para gel de agarose	Bio-Rad, Estados Unidos
Incubadora	Fisher Scientific, Estados Unidos.
Microscópio de contraste de fase invertido	Real de Microscopica / Empresa / Micros, Áustria
Microscópio ótico	Olympus, Japão
Sistema Micro Elisa (máquina de lavar, leitor e bloco de aquecimento)	Biotest, Alemanha
Centrífuga de microcentrifugação 18	Eppendorf, Alemanha
Micropipetas fixas e ajustáveis de precisão em diferentes tamanhos	Volac, Inglaterra.
Propósito multicanal	Hamilton Company, Estados Unidos
Lã de nylon	Biotest, Alemanha.
Centrifugadora	Hittich, Alemanha
Medidor de pH 3320	Jenway ,Estados Unidos
Câmara	Erma, Japão
Frigorífico	Nacional, Japão

Congelamento científico Snijder	Snijders, Estados Unidos
Espectrofotómetro 6305	Cecil, Alemanha
Painéis Terasaki	Falcon, Estados Unidos.
Termociclador PXE 0.2	iCycler, Estados Unidos
Transiluminador UV	Bio-Rad, Estados Unidos

Kits e reagentes :

Reagentes	Empresa
anticorpos contra o péptido citrulinado cíclico (CCP) (IgG)	Euroimmun, Alemanha
Imunoensaio enzimático como determinante de (CD4, CD8).	Biotec, Reino Unido
Imunoensaio enzimático para a quantificação de GM-CSF no soro.	Immunotech , França
Imunoensaio enzimático para a quantificação de IL-1a no soro.	I mmunotech , França
Imunoensaio enzimático para a quantificação de IL-2R no soro.	Immunotech, França
Imunoensaio enzimático para a quantificação de IL-6 no soro	Immunotech , França,
Imunoensaio enzimático para a quantificação de IL-8 no soro	Immunotech , França,
Solução de eosina a 5%	Flukechemieal, Suíça
Kit EXTEA-GENE	BAG Health Care, Alemanha
Solução salina equilibrada de Hanks (HBSS)	(FOPH, Sistema de Análises Biológicas).
Kit de anticorpos antinucleares HEP-2	ESTADOS UNIDOS
Tipagem HLA-DQB (SSP-PCR)	Casa KKU ,Tailândia
Tipagem HLA-DR (SSP-PCR)	Casa KKU ,Tailândia
Transição I	Bioline GmbH ,EUA
Meio de separação de linfócitos (Ficoll-Isopak Lymphoprep) Meio de separação	Laboratórios de débito, Reino Unido

A- Teste imunológico

- Teste de rastreio do fator reumatoide (FR).
- RF -IgA, isótipos G e M
- Teste ELISA para anti-CCP2 IgG.
- Anticorpos antinucleares.
- Estimativa de várias citocinas (IL-1a, IL-2Res   , IL-8, GM-CSF, IL-6).
- Estimativa da imunidade celular utilizando testes de células T CD4 e CD8.

B- Teste de tipagem HLA (classe II DR, DQ)

- Fenotipagem HLA
- Genotipagem HLA
- Extração de ADN
- Tipagem HLA-DRB1 e DQB1 (SSP-PCR)

Anti-soros liofilizados para tipagem HLA classe II (DR, DQ)	Biotest, Alemanha
Suplemento liofilizado para coelhos	Biotest, Alemanha
RF-IgA , RF-IgG e RF- IgM ELISA kit	Euroimmun, Lübeck
Kit de fator reumatoide	Biokit S.A ,Europa
Taq DNA polimerase	Casa KKU ,Tailândia

3.3Métodos

3.3.1 Recolha de amostras

Foram colhidos dezoito a vinte mililitros (ml) de sangue venoso, tanto dos doentes como dos controlos. O sangue colhido foi imediatamente transferido para três tubos planos que foram utilizados para os vários testes (ver protocolo do estudo abaixo):

- **Testes laboratoriais**

Testes imunológicos

Estimativa do fator reumatoide (FR) :

A- Avaliação qualitativa do fator reumatoide :

- **Princípio**

O reagente de látex é uma suspensão de partículas de látex de poliestireno de tamanho uniforme revestidas com gamaglobulina humana (IgG). As partículas de látex permitem que a reação Alb-Ag seja observada visualmente quando ocorre devido à presença de FR. No soro e na suspensão de látex, o aspeto uniforme muda com uma aglutinação clara, com o início da formação de uma rede entre eles. A aglutinação ocorre (resultado positivo) quando o soro contém aproximadamente mais de 10 UI/ml de FR.

- Procedimento

1. Todos os reagentes e controlos foram colocados à temperatura ambiente. Os frascos de reagentes foram agitados suavemente para dispersar e suspender as partículas de látex na solução tampão. Deve evitar-se uma agitação vigorosa.

2. Numa secção de uma lâmina de utilização única, foram depositados 50 µl de soro e misturados com uma gota de reagente (A).

3. A lâmina foi rodada suavemente durante dois minutos, quer manualmente quer utilizando um agitador (80-100 rpm). A lâmina foi então verificada quanto à aglutinação.

- A presença de aglutinações ou coágulos indica um nível sérico de FR de 10 UI/ml ou mais, enquanto a ausência de aglutinações indica um nível sérico de FR inferior a 10 UI/ml.

- Reacções positivas

(3+) = Grande aglutinação com fundo claro.

(2+) = aglutinação moderada com um líquido ligeiramente opaco no fundo.

(1+) = Pequena aglutinação com um líquido opaco no fundo.

B-medição quantitativa dos isótipos do fator reumatoide [IgA, IgG e IgM].

- O princípio

O ensaio de imunoabsorção enzimática para a medição quantitativa dos isótipos de FR é um ensaio de imunoabsorção enzimática indireta em fase sólida (ELISA). A placa de microtitulação é revestida com um fragmento Fc humano altamente purificado de imunoglobulina G (IgG). Na primeira fase, adiciona-se à placa de microtítulo soro de doente diluído contendo o antigénio específico. Na segunda etapa, foi pipetada para os alvéolos uma solução de conjugado de peróxido de rábano-IgG anti-humana, formando um complexo em sanduíche que é detectado com um substrato adequado para produzir um resultado colorimétrico enzimático. A intensidade da cor é proporcional à concentração inicial.

- Procedimento

1. Todos os reagentes e microplacas foram levados à temperatura ambiente e bem misturados durante pelo menos 30 minutos antes da utilização.

2. Dez µl da amostra de soro foram misturados com 1000 µl do tampão de amostra para obter uma diluição de 1:100. **3.** Cem µl do soro diluído de cada doente foram pipetados para os micropoços fornecidos.

4. Foram pipetados cem µi calibradores, o controlo de corte e o controlo positivo-negativo para os poços fornecidos.

5. Todas as placas de microtítulo foram incubadas durante 30 minutos à temperatura ambiente.

6. O conteúdo dos micropoços foi descartado e lavado três vezes com 300 µl de tampão de lavagem.

7. Pipetou-se cem µi de conjugado para cada poço e incubou-se durante 15 minutos à temperatura ambiente.

8. O conteúdo dos micropoços foi descartado e lavado três vezes com 300 µl de tampão de lavagem. **9.** 100 µi de substrato TNIB foram pipetados em cada poço.

10. As placas de microtítulo foram incubadas durante 15 minutos à temperatura ambiente e protegidas da luz solar.

11. Cem µi de solução de paragem foram pipetados para cada poço e incubados durante 5 minutos.

12. A absorvância foi lida a 450 nm e os resultados calculados.

- Cálculo dos resultados

Calculou-se a média das densidades ópticas para cada poço de calibrador, utilizou-se um papel de registo linear e a densidade ótica média para cada calibrador foi representada em função da concentração. As concentrações das amostras desconhecidas foram estimadas por interpolação a partir da curva calibrada.

Anticorpo contra o péptido de citrulinato cíclico (CCP) :

- O princípio

1. O kit ELISA fornece um teste in vitro semi-qualitativo ou quantitativo para a deteção de auto-anticorpos humanos da classe IgG para péptidos citrulinados cíclicos (Barland e Lipstein, 1996).

2. O kit de teste contém 12 microlitros de tiras de teste, cada uma contendo 8 poços individuais divisíveis de reagente revestidos com péptidos cíclicos de citril sintéticos altamente purificados.

- Procedimento

O procedimento foi efectuado de acordo com o protocolo do fabricante. Todos os reagentes foram colocados à temperatura ambiente (18°C a 25°C) aproximadamente 30 minutos antes da utilização.

1. As amostras de soro a analisar foram diluídas no tampão de amostra. Por conseguinte, 10µl de soro em 990pl de tampão de amostra para obter uma diluição de 1:100.

2. Um número suficiente de poços de microplaca para acomodar os calibradores, os controlos e as amostras de soro pré-diluídas.

3. Em seguida, 100 µl dos calibradores, controlos e amostras de soro pré-diluídas foram colocados em cada poço da placa de microtitulação e incubados durante 60 minutos à temperatura ambiente.

4. O conteúdo dos poços foi descartado e lavado três vezes com 450 µl de tampão de lavagem (automático).

5. Em seguida, foram adicionados 100 µl do conjugado enzimático a cada poço da microplaca. Foram incubados durante 30 minutos à temperatura ambiente.

6. O conteúdo dos poços foi descartado e lavado três vezes com 450 µl de tampão de lavagem (automático).

7. Em seguida, 100 µl do substrato (P.nitro-fenilfosfato (PNPP)) foram colocados em cada um dos poços da microplaca e incubados durante 30 minutos à temperatura ambiente.

8. Em seguida, foram adicionados 100 µl da solução de paragem (ácido sulfúrico 0,5 M) a cada um dos poços da microplaca.

9. A densidade ótica foi lida para cada amostra nos 60 minutos seguintes à adição da solução de paragem a 405 nm e os resultados calculados.

- Cálculo dos resultados.

A curva-padrão a partir da qual foram calculadas as concentrações de anticorpos anti-CCP nas amostras de soro foi estabelecida através da representação gráfica das densidades ópticas medidas para os 5 soros de calibração (eixo linear) em função das concentrações correspondentes (eixo logarítmico).

Como não existe um soro de referência internacional para os anticorpos anti-CCP, a calibração foi efectuada em unidades relativas (Ru/ml).

O limite superior do intervalo normal (valor de corte) recomendado pelo EUROIMMUN é de 5 Ru/ml, pelo que os resultados foram interpretados em conformidade.

1. Os valores de anti-CCP < 5RU/ML foram considerados resultados negativos.
2. Os valores de anti-CCP > 5RU/ML foram considerados resultados positivos.

Teste de anticorpos de imunofluorescência indireta para a deteção de anticorpos antinucleares (ANA):--.

- **Princípio**

Na técnica de imunofluorescência indireta, o soro do doente é incubado com um substrato adequado para permitir a ligação específica e a formação de um complexo Ag-Ab estável na presença de um anticorpo específico. Após lavagem, o substrato é incubado com um reagente conjugado fluorescentemente com antiglobulina humana para formar um complexo de três partes que brilha ao microscópio de fluorescência.

- **Procedimento**

1. Reconstituir todos os controlos liofilizados com água destilada.
2. Os soros de ensaio foram diluídos para uma diluição de rastreio de 1:20 com solução salina tamponada com fosfato (PBS).
3. Depois de colocar todos os reagentes e lâminas à temperatura ambiente, as lâminas foram colocadas na câmara húmida, foram imediatamente adicionados 25 µl DE controlos e soros de teste diluídos aos poços correspondentes, depois a câmara húmida foi tapada e incubada durante 30 minutos à temperatura ambiente.
4. Os soros foram removidos das lâminas utilizando um mata-borrão colocado suavemente sobre cada lâmina para absorver a amostra (3 a 5 segundos), sem contacto direto entre o mata-borrão e o substrato, e cada lâmina foi brevemente lavada com uma corrente de PBS.
5. Depois de remover o excesso de PBS dos poços utilizando tiras de blotting, as lâminas foram colocadas numa câmara húmida e foram adicionados 25 µl de conjugado FITC a cada poço.
6. Os passos 4 e 5 foram repetidos, seguidos de uma coloração de contraste com (5-6 gotas de azul de Evans / 150 ml de PBS) numa placa de coloração e uma lavagem de 10 minutos.
7. As lâminas foram rapidamente drenadas com uma toalha de papel, depois as lâminas foram montadas com 4±1 gotas de meio de montagem por lâmina, assegurando que todos os poços estavam cobertos, depois foi adicionada a lamela.
8. As lâminas foram observadas num microscópio de fluorescência numa sala escura e a presença ou ausência de auto-anticorpos foi verificada em cada poço.

- **Interpretação dos resultados**

O teste ANA foi considerado negativo se não se observasse qualquer padrão de fluorescência específico no substrato, ao passo que a presença de um padrão de fluorescência específico indicava um teste positivo.

Ensaio de imunoabsorção enzimática para a determinação de citocinas no soro:
A- Teste da interleucina-1a

- **Princípio**

O imunoensaio enzimático immunotech IL-1a foi concebido para quantificar a IL-a humana no plasma, soro ou sobrenadante de cultura. Trata-se de um imunoensaio em sanduíche em duas fases, de acordo com (Engvall e Perlmann, 1971; Rinderkneckt *et al.*, 1984).

Na primeira fase, a IL-1a é captada por um anticorpo monoclonal e ligada aos poços da placa de microtítulo. Na segunda fase, é adicionado um anticorpo monoclonal ligado a um conjugado de acetilcolinesterase (ACE). Após a incubação, os poços são lavados e o complexo antigénico ligado aos poços é detectado através da adição de um substrato cromogénico. A intensidade da coloração é proporcional à concentração de IL-1a na amostra ou no padrão.

- **Procedimento**

1. O padrão foi ajustado para 1000 picogramas (pg)/ml com tampão de diluição padrão. Foi preparada uma diluição em série do padrão (250, 125, 62,5, 15,6 e 0 pg/ml) a partir do padrão inicial.
2. Para cada poço, foram adicionados 100 µl do padrão ou da amostra, seguidos de 100 µl do diluente 1 nos poços do padrão ou 100 µl do diluente 2 nos poços da amostra. A placa foi incubada a (2-8) °C durante 4 horas.
3. O conteúdo dos poços foi descartado e lavado três vezes com uma solução de lavagem.
4. Foram adicionados duzentos µl de conjugado reconstituído a cada poço e incubados durante a noite a (18-

25) °C, sendo depois lavados três vezes.

5. Foram colocados duzentos μl de substrato liofilizado em cada poço, seguido de uma incubação de 15 minutos a (18 - 25) °C com agitação constante no escuro.

6. $_{24}$Adicionou-se a cada alvéolo 50 μl da solução de paragem (H SO) e misturou-se suavemente.

7. A absorvância foi medida no prazo de 2 horas utilizando um espetrofotómetro a 450 nm.

C. Pesquisa de interleucina-8 (IL-8) e interleucina-6 :

- **Princípio**

O ELISA foi concebido para a determinação quantitativa de IL-8 ou IL-6 humanas nativas e recombinantes em soluções como culturas celulares, soro ou plasma. O kit de interleucinas é um ensaio imunoenzimático (ELISA) sólido em sanduíche (Engvall e Perlmann, 1971). Um anticorpo monoclonal específico para IL-8 ou IL-6 é depositado nos poços de uma placa de microtítulo. As amostras ou os padrões são pipetados para esses poços, seguindo-se a adição de um segundo anticorpo biotinilado (conjugado). Durante a primeira incubação, a IL-8 ou IL-6 humanas, consideradas como antigénio, ligam-se simultaneamente num local ao anticorpo e num segundo local ao anticorpo biotinilado na fase de solução. Uma vez removido o segundo anticorpo em excesso, adiciona-se estreptovidina peroxidase. Esta liga-se ao anticorpo biotinilado. Após uma segunda incubação e lavagem, toda a enzima não ligada é removida. É adicionada uma solução de substrato, sobre a qual a enzima ligada actua e produz uma cor. A intensidade deste produto colorido é diretamente proporcional à concentração de IL-8 ou IL-6 nas amostras iniciais.

- **Procedimento**

O procedimento para a determinação de IL-8 ou IL-6 foi efectuado de acordo com as instruções do fabricante e foi resumidamente o seguinte:

Dia 1

1. Adicionaram-se 100 microlitros de IL-8 ou IL-6 mAb a cada alvéolo da placa ELISA revestida e incubou-se a placa a (4-8) °C durante a noite.

Segundo dia

2. Lavar duas vezes com uma solução salina de tampão fosfato.

3. Placa bloqueada por adição de 200 μl / poço de tampão de incubação, incubada durante 1 hora à temperatura ambiente, depois lavada cinco vezes com PBS contendo 0,05% de soro fetal de vitelo (FCS)

4. O padrão de IL-8 ou de IL-6 foi preparado reconstituindo o conteúdo do padrão de IL-8 ou de IL-6 humana recombinante em 20 μl de água destilada, diluída em PBS com 0,1% de BSA para obter um volume total de 100 μi; isto deu uma solução de reserva de 10 Mg/ml para preparar a concentração padrão de 1000, 100, 10, 1 e 0,1 pg/ml.

5. A cada poço, foram adicionados 100 μl da amostra ou do padrão, incubados durante 2 horas à temperatura ambiente e, em seguida, a placa foi lavada cinco vezes com PBS contendo 0,05% de soro fetal de vitelo (FCS).

6. Cem μi mAb de biotina IL-8 ou mAb IL-6 foram adicionados ao conjugado em todos os poços. Incubou-se durante 1 hora à temperatura ambiente e, em seguida, lavou-se cinco vezes com PBS contendo 0,05% de Tween 20.

7. Foram adicionados cem μl da solução de substrato adequada (P. nitrofenilfosfato PNPP) a cada poço e, em seguida, a densidade ótica (D.O.) foi medida a 405 nm. O cálculo foi efectuado com base na curva padrão.

D. Ensaio do fator estimulador de colónias de granulócitos e monócitos (GM-CSF) e do recetor de IL-2:

- **Princípio**

Trata-se de um imunoensaio em sanduíche em duas fases. Na primeira fase, o GM-CSF ou IL-2R foi captado por um anticorpo monoclonal ligado aos poços da placa de microtítulo. Na segunda fase, foi adicionado um anticorpo monoclonal biotinilado juntamente com um conjugado de estreptavidina peroxidase. O anticorpo biotinilado liga-se ao complexo anticorpo-antigénio na fase sólida, que por sua vez se liga ao conjugado. Após a incubação, os poços são lavados e o complexo antigénio ligado ao poço é detectado pela adição de um cromogénio (substrato). A intensidade da coloração é proporcional à concentração do fator estimulador de colónias de granulócitos-monócitos (GM-CSF) ou da IL-2R na amostra ou no padrão (Engvall e Perlman, 1971).

- **Procedimento**

1. O padrão foi ajustado para 5 ng/ml com tampão de diluição padrão. Foi preparada uma diluição em série do padrão (500, 125, 31,2, 7,8 e 0 pg/ml) a partir do padrão inicial.

2. Foram adicionados cinquenta щ do padrão ou da amostra por poço, incubados durante 2 horas a (18-25) °C com agitação, e depois lavados.

3. O conteúdo dos poços foi rejeitado e lavado.

4. Foram adicionados 50 щ do anticorpo biotinilado e 100 щ do conjugado estreptovidina-HPR a cada poço e incubados durante 30 minutos a (18-25) °C com agitação.

5. O processo de lavagem foi repetido três vezes.

6. Adicionou-se cem щ do substrato a cada poço e incubou-se durante 30 minutos a (18-25) °C com agitação.

7. Foram adicionados cinquenta щ de solução de paragem a cada poço e a absorvância foi medida a 450 nm. Os resultados das amostras foram calculados por interpolação a partir de uma curva padrão.

Teste de células T CD4 e CD8.

- **Princípio**

Um imunoensaio enzimático baseia-se na captura específica de linfócitos TCD4 ou TCD8 com micropartículas paramagnéticas revestidas com anticorpos de captura (Boffil *et al.*, 1992).

- **Procedimento**

1. Misturar a amostra de sangue com uma suspensão paramagnética (revestida com anticorpo anti-Pan-T para capturar linfócitos T). Dispensar a mistura nos poços de uma placa de microtitulação ligada a uma estrutura magnética.

2. Após a aspiração do sangue residual, é injetado um anticorpo monoclonal marcado com peroxidase com

A especificidade anti-CD4 ou anti-CD8 é adicionada à amostra no poço (medida separadamente para células TCD4 e TCD8 na mesma amostra).

3. Uma vez concluída a etapa de marcação, a peroxidase imobilizada nos complexos antigénio-anticorpo é detectada por incubação na presença de substrato, após remoção das fracções não ligadas (lavagem).

4. Após a paragem da reação, os valores de absorvância dos poços são medidos com um espetrofotómetro a 450 nm. Os valores de absorvância são proporcionais ao número de células TCD4 e TCD8 nas amostras de sangue.

Teste de tipagem HLA

- **Princípio**

Durante vários anos, o teste de microlinfocitotoxicidade foi o método mais utilizado para a deteção serológica de antigénios HLA. Este teste é uma reação dependente do complemento, na qual os anticorpos reconhecem antigénios na superfície dos linfócitos e formam complexos anticorpo-antigénio. Os complexos antigénio-anticorpo formados são então capazes de ativar o complemento adicionado, resultando na morte das células que reagem e permitindo a adsorção de corante para avaliar as reacções e determinar os fenótipos HLA.

reação positiva = linfócitos corados

reação negativa = células não coradas

Um teste de microlinfocitotoxicidade foi desenvolvido por Terasaki e Mc Cleland (1964) e modificado por Dick e Kissmeyere-Nilsen (1979).

- **Procedimento**

1- Preparação da placa de identificação

As placas Terasaki (60 alvéolos) foram preenchidas com óleo mineral não tóxico ou parafina líquida, tendo sido adicionado um pl de antissoro HLA a cada alvéolo (antissoro HLA liofilizado dissolvido em 0,5 ml de água destilada esterilizada). As placas marcadas foram então cobertas com tampas e armazenadas num congelador (-70°C) até à sua utilização. Cada placa continha soros de controlo positivos e negativos. **2-**

Isolamento de linfócitos

Os linfócitos foram separados do sangue total por centrifugação em gradiente de densidade (Eremin *et al.*, 1981). Colocaram-se quinze mililitros de preparação linfática num tubo de ensaio e cobriu-se cuidadosamente com uma camada de uma parte igual da amostra diluída (15 mililitros de sangue + 15 mililitros de meio RPMI 1640), centrifugando-se depois o tubo durante 15 a 20 minutos a 2800 rpm. A camada leitosa de linfócitos, que se apresenta como um anel branco na fronteira entre o plasma e a linfa, foi retirada e colocada num tubo de centrifugação de 10 ml com uma pipeta Pasteur. O volume foi completado até 10 ml com meio de lavagem (RPMI 1640 com 5% de soro fetal de vitelo FCS) ou com PBS ou solução salina normal. As células foram lavadas duas vezes durante 10 minutos a 1000 rpm. O sobrenadante foi completamente eliminado. As células foram ressuspendidas num tubo Khan contendo 0,5 ml de meio Terasaki Park (solução de estabilidade linfática); as células isoladas podem ser armazenadas até 4 dias neste meio sem perda significativa de vitalidade e podem ser refrigeradas a 4°C até à sua utilização (Bender, 1984).

3. Separação dos linfócitos T e B

- **Princípio**

A lã de nylon é utilizada para separar as células B das células T, uma vez que as células B aderem às fibras de lã de nylon devido às suas propriedades de membrana superficial, enquanto as células T podem ser facilmente removidas por lavagem. Este método de separação permite que as células B sejam enriquecidas em amostras preparadas até 70-80%.

- **Procedimento**

1. ﹒As seringas descartáveis de dois ml foram preenchidas com 0,15 g de lã de nylon e lavadas com 10 ml de HBSS, tendo sido depois adicionados 2 ml de meio RPMI 1640 para aquecer a lã de nylon a 37 C durante 30 minutos.

2. O pellet de linfócitos foi ressuspenso em 1 ml de meio quente e imediatamente vertido na coluna de separação. ﹒As duas extremidades da seringa foram fechadas com parafilme e a coluna foi incubada durante 30 minutos a 37 C. As células foram então colocadas na coluna.

3. As células T não aderentes foram lavadas com 10 ml de meio quente e recolhidas num tubo de vidro revestido de silicone, enquanto as células B foram eluídas num tubo contendo 1 ml de meio quente, comprimindo a lã de nylon com o êmbolo de uma seringa. Este passo foi repetido várias vezes, adicionando de cada vez 2 ml de meio à coluna.

4. As suspensões de células B e T foram lavadas duas vezes a 2000 rpm durante 10 e 5 minutos, respetivamente, e o número de células foi ajustado para 2000 - 3000 células /pl utilizando a câmara de Neubaur. A utilização de azul de tripan como corante vital assegurou que a viabilidade celular era de, pelo menos, 95%. As células T foram eliminadas e as células B foram utilizadas para a tipagem HLA-DR e DQ.

3- Deteção serológica de antigénios HLA

1. Foi adicionado um litro de suspensão de linfócitos a cada poço utilizando uma microsseringa Hamilton. As placas foram incubadas durante 60 minutos à temperatura ambiente (20-25°C) para os antigénios DR e DQ.

2. Foram colocados cinco pl de complemento de coelho em cada poço. As placas foram então incubadas durante 120 minutos à temperatura ambiente.

3. Adicionou-se um pl. de solução de eosina a 5% a cada poço e deixou-se atuar durante cerca de 5 minutos.

4. Para fixar as células, foram adicionados 5 pl de formaldeído a cada poço, as placas foram cobertas com uma tampa e deixadas em repouso durante pelo menos 2 horas (Dick e Kissmeyere-Nilsen, 1979).

Leitura e interpretação dos resultados:-

A avaliação foi efectuada com um microscópio de contraste de fase. As células vivas pareciam claras e brilhantes (reação negativa), enquanto as células mortas foram coradas com o corante e pareciam escuras e maiores do que as células vivas (reação positiva) (quadro 3.1).

Tabela (3.1): A percentagem de células mortas foi indicada da seguinte forma, com os sinais de mais como o número de pontos:

% Lise celular	Avaliação
0 - 10	Resultado 1 negativo
11 - 20	Pontuação 2 Dúvida completa ++
21 - 50	Pontuação 4 baixa positiva ++
51 - 80	Pontuação 6 positiva +++
81 - 100	Pontuação 8 fortemente positiva

Genotipagem (HLA-DR, -DQB PCR-SSP typing)

Extração de ADN genómico :

- O princípio

O kit EXTRA-GENE é o mais adequado para o isolamento, uma vez que o ADN puro pode ser obtido a partir do sangue total num curto espaço de tempo e sem a utilização de produtos químicos ou solventes tóxicos. O isolamento baseia-se na lise selectiva dos eritrócitos, seguida de digestão detergente, salificação proteica e purificação do ADN por precipitação (Miller *et al.*, 1988). Em menos de 60 minutos, o ADN é extraído sem necessidade de preparar quaisquer reagentes ou soluções.

- Procedimento

1. Novecentos µi de solução 1 (tampão de lise eritrocitária) foram adicionados a 0,5 ml de sangue num tubo de microcentrifugação de 1,5 ml sem nuclease. O tubo foi agitado brevemente e centrifugado durante 1 minuto a 8000 rpm.

2. O sobrenadante foi eliminado e o sedimento foi lavado com um ml de solução-1. A preparação foi centrifugada durante 1 minuto a 8000 rpm.

3. O sobrenadante foi descartado e o sedimento leucocitário ressuspendido em 240 µi de água destilada. Adicionaram-se cento e vinte µi de solução 2 (tampão de extração) e agitou-se até a mistura ficar límpida.

4. Foram adicionados cento e vinte µi da solução 3 (reagente de precipitação de proteínas). O tubo foi cuidadosamente agitado e incubado durante 5 minutos à temperatura ambiente. A preparação foi centrifugada durante 5 minutos a 13000 rpm.

5. O sobrenadante foi transferido para um novo tubo de centrifugação de 1,5 ml sem nuclease. Foram adicionados cento e vinte µi da solução 3. O tubo foi cuidadosamente agitado e incubado durante 5 minutos à temperatura ambiente. A preparação foi centrifugada a 13.000 rpm durante 5 minutos.

6. O sobrenadante foi transferido para um novo tubo de centrifugação de 1,5 ml isento de nuclease. Adicionou-se 1 ml de etanol a 96% e misturou-se rodando suavemente o tubo. O tubo foi centrifugado durante 2 minutos a 13.000 rpm.

7. O sobrenadante foi retirado e rejeitado. Adicionou-se um ml de etanol a 70% e o tubo foi agitado por breves instantes. O tubo foi centrifugado durante 2 minutos a 13.000 rpm.

8. O sobrenadante foi decantado e rejeitado. O tubo foi colocado, com a abertura para baixo, sobre papel de filtro durante cerca de 5 minutos.

9. O pellet de ADN foi dissolvido em cem µi de água destilada para dissolver completamente o ADN. O tubo foi incubado durante aproximadamente 10 minutos a 56 oC. O ADN isolado foi então armazenado a -20 oC.

Determinação da concentração de ADN

Cinco microlitros da solução de ADN foram diluídos com 495 µi de água destilada. A densidade ótica foi determinada a 260 nm com um espetrofotómetro UV, utilizando água destilada como referência. A concentração de ADN foi determinada de acordo com a seguinte fórmula (Sambrook *et al.*, 1989).

$$\text{DNA concentration } (\mu g/ml) = [\text{O.D 260 nm x Dilution Factor x 50 } \mu l/ml]$$

A fim de determinar o grau de contaminação do ADN pelas proteínas, foi efectuada uma medição adicional foi medido a 280 nm e o quociente A260/A280 foi calculado.

O ADN puro apresenta um rácio A260/A280 de 1,8 ou superior. Se o valor for inferior a 1,8, isso indica que o ADN está contaminado com proteínas (Sambrook *et al.*, 1989). A pureza e a concentração do ADN são de importância fundamental para a obtenção de resultados óptimos nos testes.

Reação em cadeia da polimerase - iniciadores específicos da sequência (PCR-SSP) :

O material de partida para a tipagem com o kit HISTO TYPE/DNA-SSP é ADN purificado. O procedimento de teste foi efectuado utilizando primers específicos da sequência (SSP) (Figura 3.1). Este método baseia-se no facto de o alongamento dos iniciadores e, por conseguinte, o sucesso da PCR dependerem de uma correspondência exacta na extremidade 3' dos dois iniciadores.

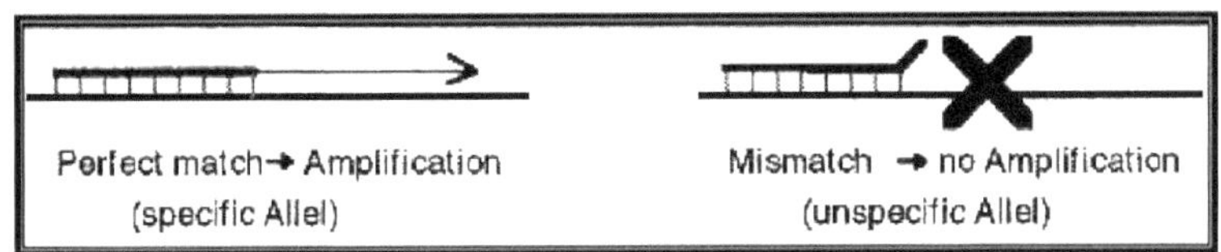

Figura 3-1: Princípio dos iniciadores específicos da sequência para a reação em cadeia da polimerase (PCR-SSP).

A amplificação obtida só é visualizada por eletroforese em gel de agarose quando os iniciadores correspondem totalmente à sequência-alvo. A composição das diferentes misturas de iniciadores permite identificar claramente os tipos de HLA indicados nos respectivos diagramas de avaliação (ver apêndices II-A e B). Este método é efectuado na Faculdade Associada de Ciências Médicas / Universidade de Khon Kean, Tailândia).
***Conteúdo da caixa PCR-SSP (KKU HLA PCR-SSP Kits, KKU House Thailand).**

Os tabuleiros de PCR são constituídos por uma série de meios-tubos de PCR, estando incluídos no kit vinte meios-tubos para cada HLA-DRB1 e dezassete para o HLA-DQB1. Cada meio-tubo contém misturas de reação pré-drenadas e pré-liquidificadas, constituídas por iniciadores específicos de cada alelo (apêndice III), iniciadores de controlo interno (específicos da hormona de crescimento humana (HGH) e nucleótidos).
* Preparativos
-Tampão TQR

A solução-tampão TQR foi preparada misturando 123,5 pl de 10x PCR, 148 pl de MgCl, 8,77 pl de dNTPs em 194,73 pl de água destilada, sendo depois armazenada a -20°C.
- Método
1. As placas HLA-SSP foram recolhidas a -20°C e o tampão TQR foi descongelado à temperatura ambiente.
2. Para cada teste de tipagem, foi preparada uma mistura-mãe num tubo de reação Eppendorf. A mistura-mãe continha os seguintes componentes
-Tampão TQR (10x PCR, 25 mM MgCl, 25 mM dNTPs e D.W)
 - *Taq polimerase* (5u / pl)
 Solução de ADN (50-100 ng/pl)

Os componentes acima referidos foram cuidadosamente misturados. A composição do masterbatch depende de uma série de misturas de reacções (quadro 3.2).

Tabela (3.2): Composição da mistura principal para HLA-DR e HLA-DQ.

Número de misturas	Solução de ADN (50100 ng/pl)	Carimbo TQR	*Taq-polímero* Ase (5u/pl)	Volume total
37	37	296	6.57	339,57 pl

3. A partir desta mistura principal, foram pipetados 8 pl para cada uma das misturas de primers secas no copo. Foi tomado cuidado para que as pontas das pipetas não entrassem em contacto com o iniciador, a fim de evitar a sua retenção. Por este motivo, a mistura principal foi pipetada para as paredes dos poços.

4. Os tabuleiros PCR foram firmemente fechados com as tampas dos reagentes. O tabuleiro foi agitado para baixo para garantir que as misturas de reação secas se dissolviam no fundo do tabuleiro. O tabuleiro foi colocado no termociclador e o programa PCR foi iniciado Tabela (3.3).

Tabela (3.3): Etapas do programa de reação em cadeia da polimerase (PCR).

Fase do programa	Temperatura	Tempo	Número de ciclos
Primeira desnaturação	96 °C	2 min.	1 ciclo
Desnaturação	96 °C	30 seg.	5 ciclos
Incandescente	68 °C	60 seg.	
Extensão	72 °C	40 seg.	
Desnaturação	96 °C	30 seg.	21 ciclos
Incandescente	65 °C	60 seg.	
Extensão	72 °C	40 seg.	
Desnaturação	96 °C	30 seg.	4 ciclos
Incandescente	55 °C	75 seg.	
Extensão	72 °C	120 seg.	
Renovação permanente	72 °C	10 min.	1 ciclo
	25 °C	3 min.	

Eletroforese em gel

Os produtos da PCR foram identificados por eletroforese em gel de agarose, seguida da deteção de bandas de ADN sob luz UV, de acordo com Maniatis *et al* (1982).

* Preparativos

- Tampão de tris-borato (TBE)

A solução tampão de tris-borato 10 vezes foi preparada dissolvendo 109 g de tris-base, 55,54 g de ácido bórico e 20 ml de EDTA (0,5 M) (pH=8,0) numa quantidade equivalente de água. O pH foi ajustado para 7,8 e o volume foi completado para 1 litro com água. A solução foi autoclavada.

15 minutos a 121°C e 15 psi e armazenamento à temperatura ambiente (Sambrook *et al.*, 1989).

- 0,5x FSME

A solução tampão Tris-Borte 0,5 foi preparada misturando 100 ml de TBE 10x em 1900 ml de água destilada.

- Procedimento

1. Preparou-se um gel de agarose a 1% fervendo 1 g de agarose em 100 ml de TBE 1x até a solução ficar límpida. A solução foi arrefecida a 55°C e, em seguida, foi adicionada ao gel uma solução de brometo de etídio (0,5 pg/ml). A solução de agarose foi vertida numa placa coberta para produzir um gel.

2. Após a gelificação (cerca de 30 minutos à temperatura ambiente), o pente e a fita adesiva foram retirados. O gel foi colocado na câmara de gel, que estava cheia com tampão TBE 0,5x. As bolsas de gel foram completamente cobertas com tampão.

3. Toda a mistura de PCR (8 pl) foi pipetada para as bolsas de gel. Além disso, foram depositados 5 pl do padrão de comprimento de ADN para comparação do tamanho.

4. A eletroforese foi então efectuada a 200 V durante 20 minutos.

5. Uma vez terminada a eletroforese, o gel foi colocado num transiluminador UV (Maniatis *et al.*, 1982). Foi utilizado um sistema de documentação do gel para documentar as bandas observadas. Para avaliação, o padrão de bandas específicas foi traçado na folha de resultados fornecida (Apêndices IV-A e B) e o resultado da tipagem foi lido utilizando o modelo de reação.

Análise estatística: foram utilizados métodos estatísticos adequados para analisar e avaliar os resultados, incluindo os seguintes:

1. Estatísticas descritivas :

A) Quadros estatísticos que mostram as frequências observadas e as respectivas percentagens.

B) Dados estatísticos resumidos sobre a distribuição dos valores medidos (média, DP, SEM, mínimo e máximo).

C) Representação gráfica (gráficos de barras, de tartes e de pontos).

2. Estatística inferencial :

Estas foram utilizadas para aceitar ou rejeitar as hipóteses estatísticas, incluindo as seguintes:

- **A)** [2]Qui-quadrado (%).
- **B)** Teste t de Student.
- **C)** Correlação pessoal (r).
- **D)** Teste de validade: sensibilidade, especificidade, VPP, VAL e exatidão

Nota: A comparação da significância (P-value) em cada teste foi :

S = diferença significativa (P<0,005).

HS= diferença altamente significativa (P<0,001).

NS= diferença não significativa (P>0,005).

Todas as análises estatísticas foram efectuadas num computador Pentium 4, utilizando o SPSS (versão 10)

3.4.1 Análise estatística da associação HLA-doença :

A força de uma associação entre uma doença e um marcador genético é geralmente expressa por um valor de risco relativo (RR), que indica a frequência com que uma doença ocorre em pessoas portadoras do marcador em comparação com as que não são portadoras. O valor do RR é definido pela seguinte fórmula:

$$RR = \frac{a \times d}{b \times c}$$

a: Número de doentes que reagem positivamente ao marcador.

b: Número de doentes para os quais o marcador foi negativo.

c: número de controlos positivos para o marcador.

d: número de controlos negativos para o marcador.

O valor do RR pode variar entre menos de um (associação negativa) e mais de um (associação positiva). No caso das cartas, foi indicada uma fração etiológica (FE), que indica a proporção de uma doença atribuível ao fator associado à doença. A FE é definida pela seguinte fórmula:

$$EF = \left(\frac{RR - 1}{RR} \right) \times \left(\frac{a}{a + b} \right)$$

No primeiro caso, indicamos uma proporção preventiva (PF), que indica em que medida uma doença é prevenida pelo marcador associado à doença. A PF é definida pela seguinte fórmula:

$$PF = \frac{(1 - RR) \times \left(\dfrac{a}{a + b} \right)}{RR \left(1 - \dfrac{a}{a + b} \right) + \left(\dfrac{a}{a + b} \right)}$$

Os valores de EF e PF podem variar entre zero (nenhuma associação) e um (associação máxima).

O nível de significância (probabilidade) é calculado utilizando a probabilidade exacta de Fisher (p) através da construção de tabelas de contingência 2X2 a partir das quatro entradas anteriores (a, b, c e d), a fim de evitar o aparecimento aleatório de uma associação (devido a numerosas comparações). O P é multiplicado pelo número de antigénios testados em cada locus HLA, dando a probabilidade corrigida (Pc) (Svejgaard et al. *et al* ., 1983).

4Desagregação demográfica

A distribuição demográfica dos doentes com AR e dos grupos de controlo por idade é apresentada na Tabela 4.1. Os resultados mostram que a idade no grupo da AR se situa entre os 20 e os 75 anos (média de 46,75 ± 12,82) e que a maioria dos doentes (57%) se encontra na quarta e quinta décadas (41-60 anos), enquanto as idades médias dos grupos de controlo do LES e saudável são (39,80 ± 13,14) e (38,68 ± 2,72), respetivamente. Para além disso, a maioria dos doentes com LES tinha idades compreendidas entre os 20 e os 40 anos (60%). Parece haver uma diferença altamente significativa entre a idade média dos doentes com AR e a dos outros grupos de LES e do grupo de controlo saudável (P<0,001).

O presente estudo mostra que a idade média dos doentes com AR se situa na quarta década (46,75 ± 12,82 anos), o que é confirmado pelo estudo de Abbas (2003), que indica uma idade média de 42,1 ± 11,3 anos. Anaya *et al* (2002) também referem que as mulheres colombianas desenvolvem AR na quarta década de vida. A doença pode ocorrer em qualquer idade e a sua prevalência aumenta com a idade, atingindo um pico entre a quarta e a sexta décadas (Kraag, 1989; Lipsky, 2001).

Tabela 4.1:-Distribuição etária dos grupos de estudo (doentes com AR, doentes com LES e grupo de controlo aparentemente saudável).

Grupos etários (anos)		Grupos estudados		
		Grupo saudável	Doentes com AR	Doentes com LES
20-40	N	10	32	18
	%	33.3%	32.0%	60.0%
41-60	N	15	57	9 30.0%
	%	50.0%	57.0%	
> 60	N	5 16.6%	11	3 10.0%
	%		11.0%	
Total	N	30 100.0%	100	30 100.0%
	%		100.0%	
Idade média (anos)		(38.68 ± 2.72)	46.75 ± 12.82	39.80±13.14

	Valor	df	Valor P
Qui-quadrado	40.762	4	0.00 HS

A análise da distribuição por género do grupo de estudo revelou que a maioria dos doentes com AR eram mulheres (84%), com um rácio de (5,2:1), enquanto a frequência de mulheres no grupo de LES (70%) era de 2,3:1 (tabela 4.2).

Em ambos os grupos, a prevalência de AR nas mulheres foi de 84%. Este valor é, até certo ponto, mais elevado do que o registado em estudos locais anteriores no Iraque por Tofiq (2007) (80,85%). Enquanto Al-Haidary (2003) e Abdul-Abbas (2007) encontraram uma percentagem mais baixa, atingindo (70,7%) e (79,7%), respetivamente. No entanto, é evidente que esta frequência tem vindo a aumentar gradualmente nos últimos anos. Para além da situação psicológica da população iraquiana, este aumento pode dever-se às condições ambientais, que conduzem a elevados níveis de stress e favorecem o desenvolvimento da AR. A prevalência da doença varia de pessoa para pessoa e de período para período. Também foi encontrada uma prevalência mais elevada noutros países, por exemplo, em famílias norte-americanas (76,8%) (Jawaheer *et al.*, 2006). Este resultado sugere uma maior frequência nas mulheres do que nos homens, o que pode dever-se a diferenças hormonais entre eles e aos seus efeitos nas respostas imunitárias. Por exemplo, as mulheres tendem a desencadear mais reacções T-Helfer-1, que são pró-inflamatórias e podem, portanto, encorajar o desenvolvimento de autoimunidade (Kindt et *al.*, 2007).

Tabela 4.2:- Distribuição dos grupos de estudo (doentes com AR, doentes com LES e grupo de controlo aparentemente saudável) por sexo.

Género	Grupos estudados		
	Doentes com AR	Doentes com LES	Grupo saudável
Masculino N	16	9	9
Masculino %	16.0%	30%	30%
Mulher N	84	21	21
Mulher %	84.0%	70%	70%
Total N	100	30	30
Total %	100.0%	100.0%	100.0%
Rácio F/ M	5.2:1	2.3:1	2.3;1

	Valor	df	Valor P
Qui-quadrado	29.37	2	0.00 HS

O rácio de mulheres para homens foi de 5,2:1, muito superior aos rácios de 4,2:1 e 3,9:1 nos estudos iraquianos anteriores, relatados por Tofiq (2007) e Abdul-Abbas (2007), respetivamente. Por outro lado, o rácio mulheres-homens a nível mundial foi inferior ao nosso resultado, que pode atingir 4:1 (Koopmans, 2001; Buch e Emery, 2002). Este resultado reflecte o facto de estas populações terem diferentes estilos de vida, hábitos alimentares, frequência tabágica, etc., e que estas condições ambientais podem influenciar a vulnerabilidade à AR (Deighton *et al.*, 1992).

Deteção do fator reumatoide (FR) e dos isótipos do FR.

O fator reumatoide tem sido utilizado como marcador da artrite reumatoide há mais de meio século e foi incluído nos critérios de classificação da AR. Vários estudos demonstraram que está presente no soro de doentes com doenças reumáticas e não reumáticas, e mesmo em indivíduos saudáveis (Stropuviene *et al.*, 2005). O teste de rastreio qualitativo e a subsequente determinação quantitativa dos isótipos de FR foram efectuados para os grupos estudados, conforme indicado na tabela (4.3).

Tabela 4.3: A frequência dos isótipos RF e RF nos grupos estudados (doentes com AR, doentes com LES e controlos aparentemente saudáveis).

Parâmetros imunológicos	Grupos estudados (%) de positividade			Comparar		
	Doentes com AR	Doentes com LES	Controlo saudável	Chi Local	df	valor de p
RF	47	3.3	0.0	18,893	1	0.00 HS
RF-IgM	85	3.3	0.0	68.739	1	0.00 HS
RF-IgG	67	10	0.0	56.321	1	0.00 HS
RF-IgA	76	10	0.0	42.165	1	0.00 HS

Nota:- FR: fator reumatoide, FR-IgM: imunoglobulina M do fator reumatoide, FR-IgG: imunoglobulina G do fator reumatoide, FR-IgA: imunoglobulina A do fator reumatoide.

A positividade do fator reumatoide no presente estudo mostra (47%) para casos de AR com uma diferença altamente significativa (P<0,001). Além disso, o FR-IgG (67%), o FR-IgM (85%) e o FR-IgA (76%) apresentam uma diferença altamente significativa (P<0,001). A percentagem relativamente baixa de FR no nosso grupo de AR pode ser explicada pelo facto de os doentes com AR abrangerem toda a gama de gravidade e atividade dos doentes com AR devido ao sistema de saúde no Iraque.

Estes resultados são superiores aos de Abbas (2003), que registou RF-IgG (47,3%), RF-IgM (48,6%) e RF-IgA (54,1%). No entanto, Bas *et al* (2003) referiram que os isótipos RF-IgM e RF-IgA eram predominantes nos soros de doentes com AR precoce; estas variações podem estar relacionadas com diferenças na população e na altura da recolha de amostras.

Foram observados níveis elevados de RF-IgG, RF-IgA e RF-IgM em doentes com AR. Vários grupos referiram que os níveis elevados de IgA-RF eram preditivos de uma evolução mais grave da doença. Níveis elevados de IgA-RF nos três anos seguintes ao início dos sintomas foram associados a uma evolução mais grave da doença seis anos após o início dos sintomas (Jonsson e Valdimarrson, 1993).

Outras referências indicam que os RF-IgM não são apenas típicos da AR, mas também de várias outras doenças. O RF-IgA é mais fácil de detetar do que o RF-IgG, o que pode ser um melhor indicador do que o RF-IgM para anticorpos de afinidade dependentes de células T dirigidos contra epítopos FC-y, que são relevantes para a AR. A deteção combinada de RF-IgM e RF-IgA num soro é um forte indicador de AR (Vallbracht *et al.*, 2009).

4-3 Determinação dos anticorpos anti-CCP nos soros dos grupos estudados.

Recentemente, foi descrito um sistema de auto-anticorpos altamente específico para a AR, no qual os doentes desenvolvem anticorpos contra péptidos citrulinados, o que levou ao desenvolvimento do teste de anticorpos contra o péptido citrulinado cíclico (Anti-CCP) (Quinn *et al.*, 2006).

Anticorpos anti-CCP detectados em soros de doentes com AR, doentes com LES e grupos de controlo saudáveis. A frequência de positividade dos anticorpos anti-CCP nos soros de doentes com AR (69%) foi superior à dos grupos de controlo (6,7%) e 0,0% nos doentes com LES e saudáveis, respetivamente. Os anticorpos anti-CCP foram altamente significativos (P<0,001) na AR em comparação com os controlos, conforme resumido na tabela (4.4).

Tabela 4.4: Frequência de anticorpos anti-CCP nos grupos estudados.

Grupos estudados		Anti-CCP		Total	Valor P
		Positivo	Negativo		
Doentes com AR	N	69	31	100	
	%	69	31	100	0.00
Doentes com LES	N	2	28	30	
	%	6.7	93.3	100	
Grupo saudável	N	0.0	30	30	
	%	0.0	100	100	

O anti-CCP foi um bom marcador serológico da AR, devendo ser altamente específico para a doença e capaz de distinguir a AR de outras artrites que imitam a AR. A frequência de positividade do anti-CCP entre os soros de doentes com AR (69%), esta percentagem é superior à proposta por Khosla *et al* (2004) e Nell *et al* (2003), que sugeriram uma deteção de 50-60% de anti-CCP em casos de AR, enquanto o presente estudo é comparável ao estudo iraquiano (68,09%) (Tofiq, 2007). Além disso, verificou-se uma forte significância nos grupos de AR e de controlo (P<0,001). Este resultado está de acordo com estudos que mostraram uma positividade de 68% (Quinn *et al.*, 2006) e indicou que o anti-CCP é um bom marcador de AR. A interpretação destas variações é que os níveis de anti-CCP diminuem durante o tratamento e que as pessoas com resultados positivos tinham uma doença mais destrutiva do que as que não tinham anti-CCP (Rantappaa-Dahlavist, 2005). Os resultados dos diferentes estudos foram considerados heterogéneos. Tal pode dever-se ao facto de as empresas fabricantes utilizarem diferentes diluições de soro e diferentes PCC utilizados nos testes. Tudo isto pode distorcer os resultados e torna necessária a normalização internacional.

4-4 Anticorpos antinucleares nos soros dos grupos estudados.

Os anticorpos antinucleares são anticorpos dirigidos contra o conteúdo do núcleo da célula (Kavanaugh *et al.*, 2000). Foi utilizado um método qualitativo para detetar anticorpos antinucleares (ANA). O resultado mostrou que a positividade dos ANA era muito elevada nas amostras de LES, com diferenças altamente significativas em comparação com os doentes com AR (14%) e o grupo de controlo saudável (0,0%) (P<0,001), como se mostra na figura (4.1).

A positividade dos ANA foi observada em (14%) dos doentes com AR em comparação com (96,7%) dos doentes com LES. Estes resultados são consistentes com o facto de diferentes tipos de auto-anticorpos, como os ANA, ocorrerem na AR, embora com uma frequência baixa. Os resultados actuais para os ANA são comparáveis aos relatados por Al-Naqdy *et al* (2007), que foram de 13,3% em doentes com AR e 100% em doentes com LES, embora variem de local para local devido a diferentes circunstâncias e aos métodos utilizados, como o ensaio ELISA ou de imunofluorescência (Greidinge e Hoffman, 2003).

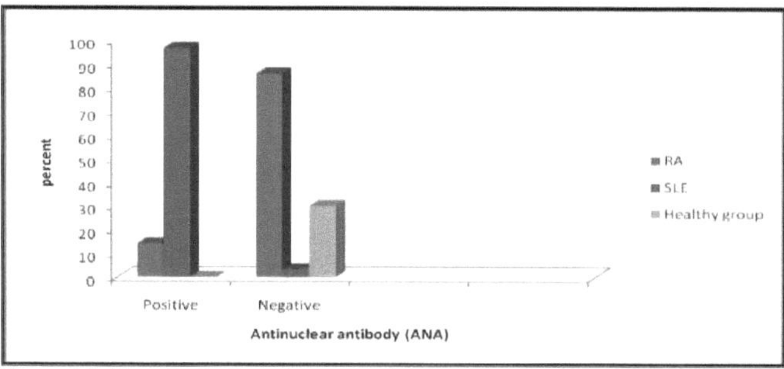

Figura 4.1: Frequência de anticorpos antinucleares nos grupos estudados.

Repartição dos doentes por duração da doença.

A distribuição dos pacientes de acordo com a duração da doença, apresentada na tabela (4.5), mostra que não há diferença significativa entre a duração da doença para AR (8.072 ± 7.810) e LES (4 ± 3,7).

Tabela (4.5): Distribuição dos pacientes com AR e LES de acordo com a duração da doença.

Grupos de estudo	Número	Duração da doença (ano) Média	Variação horária	Std. Erro	teste t Valor P	teste t Significativo
Doentes com AR	100	8.072	7.807	.9403		
Doentes com LES	30	4.0	3.7	1. 397	0.83	NS

Não houve diferença significativa (P<0,005) entre a duração média da doença no grupo AR e no grupo LES, o que é consistente com os resultados de Jawaheer *et al*. Verificou-se que não houve diferença significativa na duração da doença entre AR e LES. Estes resultados podem ser atribuídos à medicação dos doentes com AR nos últimos anos, geralmente a perda de medicamentos e equipamentos não disponíveis para a fisioterapia dos doentes para além da exposição contínua ao stress aceleram a morte dos doentes principalmente devido aos maus efeitos secundários para o prolongamento da medicação, quando disponível diminuição da duração da doença em comparação com a restante população (11±8 anos) (Pincus, 1995).

Validade dos anticorpos anti-CCP em associação com outros marcadores imunológicos.

O anti-CCP é um marcador serológico superior da AR. O anti-CCP é (i) altamente específico para a doença, (ii) capaz de distinguir a AR de outras artrites que imitam a AR, (iii) presente na maioria dos doentes (boa sensibilidade), (iv) detetável numa fase muito precoce da doença e (v) útil para prever a evolução da doença. O seu potencial prognóstico pode ajudar os reumatologistas a decidir sobre as melhores estratégias de tratamento. Além disso, o anti-CCP pode ser detectado por um teste ELISA reprodutível e fácil de realizar, o teste CCP2, o que é importante do ponto de vista da gestão laboratorial (Pruijn *et al.*, 2005).

O estudo atual revelou que a sensibilidade e a especificidade do anti-CCP, conforme registado na Tabela (4.6), aparecem no teste de validade, que é o mais elevado (69%) em comparação com a sensibilidade baixa (47%) para o FR. Além disso, a especificidade do anti-CCP é muito elevada (100%), enquanto a especificidade do FR é elevada (90%). A elevada especificidade dos anticorpos anti-CCP também foi estudada por outros investigadores. A maioria relatou uma especificidade de (90-99%) e uma sensibilidade de (64-74%) (De-Rycke *et al.*, 2004; Zandman *et al.*, 2006). No entanto, neste estudo, a especificidade foi de 100%, o que corresponde à observação de Schelleken *et al.* (2000), que foi de 99%. Esta ligeira diferença pode estar relacionada com a utilização de uma geração diferente de testes ACCP ou com o tamanho da amostra, mas difere da de Quinn *et al* (2006), que demonstraram uma especificidade de 91% e uma sensibilidade de 81% para a AR em comparação com os controlos, enquanto a especificidade e a sensibilidade do FR foram de 63% e 54%, respetivamente. Para comparar ainda mais o valor de diagnóstico de cada teste, efectuámos uma análise da caraterística de funcionamento do recetor (ROC) e calculámos a área sob a AUC (Figuras 4.2 e 4.3). A análise ROC mostra os pares de sensibilidade e especificidade para os diferentes testes (anti-CCP e FR). Foi claramente demonstrado que o teste ELISA anti-CCP oferece a melhor combinação de sensibilidade e especificidade para a deteção de artrite reumatoide. Os anticorpos anti-CCP podem ser detectados muito cedo na AR, embora a sua sensibilidade seja ligeiramente inferior (40-60%) (Bizarre *et al.*, 2001). A partir deste resultado, pode concluir-se que os anticorpos anti-CCP são um marcador de diagnóstico importante com uma especificidade elevada (100%). A explicação para esta diferença reside nas diferentes caraterísticas dos doentes (AR precoce ou tardia) que foram incluídos no estudo. Esta diferença está provavelmente relacionada com o facto de poucos doentes terem sido diagnosticados recentemente, enquanto outros têm AR de início tardio.

Testes	Sensibilidade em	Especificidade %.	VPP % DE	VALOR DO CAPITAL % DO CAPITAL	Precisão em %.
Anti-CCP	69	100	69	49.18	76.15
RF	47	90	94	33.75	56.92

Tabela 4.6: Teste de validade (%) para parâmetros imunológicos (anti-CCP e FR).

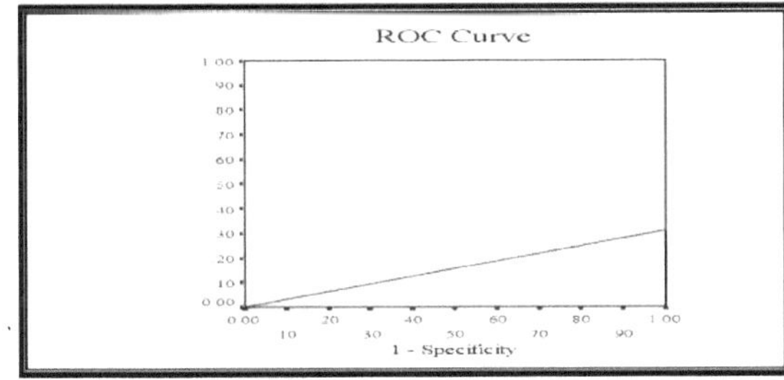

Figure 4.2: - Curva ROC (Receiver-Operating-Characteristic) para anticorpos anti-CCP.

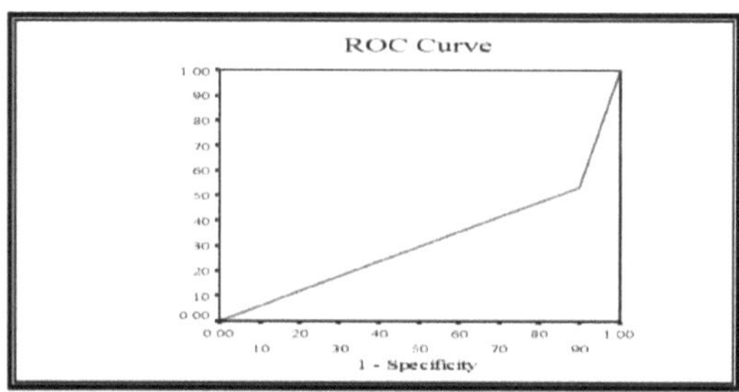

Figure 4.3: Curva RF ROC (**Receiver** Operating Characteristic).

Combinação de anticorpos anti-CCP e testes de isótipos RF.

Nos últimos anos, a introdução de anticorpos séricos para moléculas contendo citrulina mostrou-se promissora como ferramenta de diagnóstico da AR (Alexiou *et al.*, 2007). A análise da utilidade da utilização dos seis ensaios de anticorpos individualmente ou em combinação estabeleceu um valor de diagnóstico adicional impressionante do CCP em relação à utilização exclusiva de isótipos de FR. A frequência dos anticorpos anti-CCP, dos isótipos RF e RF nos doentes é apresentada na Tabela (4.7). A maioria dos doentes com AR (47,8%) eram anti-CCP e RF positivos, mas (45,2%) eram anti-CCP negativos e RF positivos. Além disso, nestes doentes com AR (81,2%) ambos os testes eram positivos e (93,5%) eram anti-CCP negativos e RF-IgM positivos. Para além disso, (71%) dos doentes eram positivos para anti-CCP e RF-IgM, enquanto (87,1%) dos doentes eram negativos para anti-CCP e positivos para RF-IgM.

Além disso, neste estudo, apenas (13%) eram positivos para anti-CCP e ANA, mas (16,1%) dos doentes eram negativos para anti-CCP e positivos para ANA.

Quadro 4.7: Combinações de isótipos anti-CCP e FR em doentes com artrite reumatoide.

Parâmetros serológicos (resultado positivo)	Anti-CCP	
	Positivo	Negativo
RF	47.8%	45.2%
RF-IgG	72.5%	54.8%
RF-IgA	71.0%	87.1%
RF-IgM	81.2%	93.5%
ANA	13.0%	16.1%

Nota:- ANA: anticorpos antinucleares.

A combinação de anti-CCP e IgM-RF dá uma maior sensibilidade para o diagnóstico de AR do que qualquer um dos dois testes considerados separadamente. Este resultado confirma estudos anteriores que combinaram FR e anti-CCP (Schellekens *et al.*, 2000; Bizzaro *et al.*, 2001). O anti-CCP é um indicador de prognóstico da progressão da AR, embora geralmente não seja mais útil do que o RF-IgM (Kroot *et al.*, 2000). Estes parâmetros para a artrite reumatoide são considerados melhores do que outros isótipos de FR, a positividade no CCP-ELISA altamente específico apoia o diagnóstico da doença, o CCP provou ser uma poderosa ferramenta de diagnóstico, particularmente em casos pouco claros ou em doentes com AR negativa (Vallbracht *et al.*, 2009). Para além disso, a presença de anti-CCP e IgM-RF foi associada a uma maior probabilidade de sinais radiológicos.

e que o FR está associado a uma maior incapacidade funcional (Bas *et al.*, 2000). Rantaapaa-Dalqvist *et al* (2003) demonstraram que tanto a PCC como a FR-IgA predizem o desenvolvimento de AR, tendo a PCC o valor preditivo mais elevado de todos os anticorpos, enquanto o estudo de Bas *et al* (2003) também observou uma associação entre a FR-IgA e a PCC com sinais clínicos de atividade da doença.

Estimativa do teor de determinadas citocinas.

As citocinas estão envolvidas em todas as fases da resposta imunitária, influenciando a proliferação, a diferenciação e a migração de diferentes células do sistema imunitário e regulando as respostas imunitárias humoral e celular. Estudos anteriores referiram que as citocinas inflamatórias, como a interleucina-1a (IL-1a), são consideradas mediadores importantes de doenças inflamatórias, por exemplo em doentes com AR, mas outras citocinas, como a IL-2R, também podem ser produzidas em quantidades mais elevadas nos soros de AR (Tebib *et al.*, 1995; Graudal *et al.*, 2002). Por conseguinte, a concentração de determinadas citocinas (IL-2R, GM-CSF, IL-8, IL-1a e IL-6) foi estimada nos soros dos grupos estudados. É evidente que a concentração de IL-8, IL-1a e IL-6 está muito aumentada nos soros dos doentes com AR em comparação com o grupo de controlo saudável, com diferenças significativas (P<0,001). Por outro lado, registaram-se diferenças significativas na concentração de GM-CSF nos soros de doentes com AR em comparação com o grupo saudável (P<0,005), como se pode ver na tabela (4.8). Os doentes com AR apresentaram um aumento altamente significativo do recetor de IL-2 nos soros, em comparação com o grupo de controlo saudável. Este resultado parece ser consistente com estudos anteriores que demonstraram que a concentração do recetor de IL-2 era significativamente mais elevada em doentes com AR em comparação com controlos saudáveis. Estes resultados sugerem que os níveis séricos podem refletir o grau de ativação imunitária nas articulações afectadas (Keystone *et al.*, 1988; Crilly *et al.*, 1993). Outros investigadores descobriram que os níveis no líquido sinovial eram mais elevados do que nas amostras de soro de doentes com AR (Symon *et al.*, 1988; Witkowska, 2005). A relação entre as citocinas em doentes com reumatismo é apresentada na tabela (4.9). Verificou-se que não existia uma diferença significativa entre todas as citocinas nos doentes.

Tabela 4.8: -Valor médio de algumas citocinas nos soros dos grupos estudados (doentes com AR e indivíduos de controlo aparentemente saudáveis).

Citocinas		Número	Média	Std. Diferença	Teste t P-valor	Significativo
IL-2R (pg/ml)	Grupo saudável Doentes com AR	30 100	16.76 210.67	5.73 189.21	.000	HS
GM-CSF (pg/ml)	Grupo saudável Doentes com AR	30 100	17.31 30.52	4.36 31.23	.023	S
IL-8(pg/ml)	Grupo saudável Doentes com AR	30 100	11.33 134.40	2.22 164.25	.000	HS
IL-1Alfa (pg/ml)	Grupo saudável Doentes com AR	30 100	10.15 40.38	2.49 36.94	.000	HS
IL-6 (pg/ml)	Grupo saudável Doentes com AR	30 100	15.42 110.967	6.479 31.165	.000	HS

Nota:- IL-2 R: recetor de interleucina-2, GM-CSF: fator estimulador de colónias de granulócitos/monócitos, IL-8: interleucina-8, IL-1 alfa: interleucina-1 alfa, IL-6: interleucina-6, pg: pico grama.

Tabela 4.9: Correlação entre citocinas em doentes com AR.

		Il-8 pg/ml	GM_CSF pg/ml	IL-2R pg/ml	IL-6 pg/ml
Alfa IL-1 (pg/ml)	Correlação de Pearson Valor P Significativo	-.101 .318 NS	.084 .406 NS	-.054 .591 NS	.249 .185 NS
IL-8(pg/ml)	Correlação de Pearson Valor P Significativo		.075 .458 NS	-.054 .591 NS	.093 .626 NS
GM-CSF (pg/ml)	Correlação de Valor P Importante			-.059 .560 NS	-.115 544 NS

IL-2R (pg/ml)	Correlação de Pearson				-.115
	Valor P				.544
	Importante				NS

As concentrações do recetor de IL-2 também aumentam nas doenças reumáticas crónicas auto-imunes e são úteis para avaliar e monitorizar a resposta à terapêutica numa série de doenças associadas à ativação imunitária e à imunodeficiência (Rubin, 1990). Os níveis do recetor de IL-2 estão elevados e são eliminados pelas células T activadas encontradas em doentes reumáticos. Foi sugerido que poderia ser um instrumento potencialmente útil na monitorização da atividade da doença (Crilly *et al.*, 1993; Komocsi *et al.*, 2002). Outros estudos indicaram que os níveis séricos de IL-2R estão fortemente correlacionados com a atividade da doença, sugerindo que a medição da IL-2R pode ser um marcador clínico útil no futuro (Symon *et al.*, 1991; Caruso *et al.*, 1993). Além disso, Suenaga *et al* (1998) sugerem que a medição do recetor de IL-2 pode ser útil para o diagnóstico precoce da AR em doentes com dores articulares mas sem sintomas de destruição óssea ou articular. No nosso estudo, encontrámos uma diferença significativa entre os níveis de GM-CSF nos doentes com AR e nos controlos. Do mesmo modo, Fiehn *et al* (1992) encontraram diferenças estatisticamente significativas nos níveis de GM-CSF entre doentes com AR e controlos saudáveis. Tem sido postulado que o GM-CSF é um componente importante da doença (Burger *et al.*, 2001). Esta citocina é um potente indutor de macrófagos, aumenta a expressão das moléculas HLA-DR mais do que o IFN-Y e regula a função dos neutrófilos (Alvaro-Garcia *et al.*, 1999). As quimiocinas, incluindo a IL-8, têm um poderoso efeito quimiotático nas células do sistema imunitário. Estas citocinas estão envolvidas não só na fase inflamatória da AR, mas também na fase de proliferação vascular da doença (Robak e Gladalska, 1997). O presente estudo mostrou que os níveis séricos de IL-8 são significativamente mais elevados nos doentes com AR do que nos controlos saudáveis. Isto confirma os resultados de um estudo anterior, no qual os níveis séricos de IL-8 apresentaram diferenças altamente significativas em comparação com controlos saudáveis (Abdul-Abbas, 2007). Em termos de concentrações de citocinas, foram encontradas grandes diferenças entre os diferentes doentes com AR, mas, curiosamente, nem todas as citocinas estavam elevadas na mesma amostra. Estas variações entre diferentes citocinas nos soros de AR reflectem a complexa rede de citocinas e a sua função reguladora (Paramalingam *et al.*, 2007). Entre as citocinas que desempenham um papel fundamental na patogénese da AR encontra-se a IL-1, que é um mediador central da destruição das articulações. Um aumento contínuo da IL-1 pode, por conseguinte, levar a um agravamento do prognóstico da doença do doente, o que é acompanhado por uma artrite crónica ativa. A IL-1a e a IL-Iв são produzidas como péptidos precursores que sofrem processamento proteolítico e são libertadas em resposta a lesões celulares, desencadeando a apoptose (Graudal *et al.*, *2002*). No presente estudo, os níveis séricos de IL-1a diferiram significativamente entre os casos de AR e os controlos. Os níveis elevados de IL-1a continuarão a ser um alvo de diagnóstico para doenças inflamatórias como a AR. A IL-1a não se encontra geralmente na corrente sanguínea ou nos fluidos corporais, exceto em casos de doença grave em que a citocina pode ser libertada a partir de células moribundas. Consequentemente, é menos claro o papel que a IL-1a desempenha na patogénese das doenças inflamatórias (Cominelli *et al.*, 1990; Dinarello, 2000). Por fim, a IL-6 é uma das citocinas inflamatórias que propagam a inflamação na AR e causam danos nas articulações (Shankar e Handan, 2004). Os resultados da concentração de IL-6 foram altamente significativos nos doentes com AR em comparação com o grupo saudável. Estes resultados são consistentes com o estudo de El-Safari (2008), que encontrou uma concentração aumentada de IL-6 em doentes com AR. Esta citocina foi identificada como um fator que desencadeia a maturação final das células B em células plasmáticas e está envolvida em vários processos biológicos, como a ativação das células T e o desencadeamento da reação de fase aguda (Choy e Panay, 2001).

Avaliação da imunidade celular dos grupos estudados.

As glicoproteínas CD4 e CD8 caracterizam as duas subpopulações mais importantes de linfócitos T. Foram estudadas no âmbito de um projeto de investigação. Este estudo examinou igualmente o papel da resposta imunitária celular na patogénese da artrite reumatoide. A percentagem de células CD8+ e CD4+ em doentes com AR e controlos saudáveis é apresentada nos quadros (4.10) e . O resultado deste estudo mostra uma diminuição altamente significativa (P<0,001) da percentagem de células CD8+ nos doentes com AR em comparação com o grupo saudável, apesar do aumento das células T CD4+ no sangue dos doentes, que não foi, no entanto, estatisticamente significativo.

Tabela 4.10: Variação dos valores médios de CD4 e CD8 no sangue dos grupos estudados.

Parâmetros celulares	Número	Média	Std. Diferença	Teste t P-valor	Significativo
CD8 TCD8/ulGrupo de saúde	30	1402.67	285.96		
Doentes com AR	100	685.67	313.38	.000	HS
CD4 TCD4/ulGrupo de saúde	30	1445.67	272.80		
Doentes com AR	100	1394.77	555.23	.629	NS

Além disso, pensa-se que as células T e os macrófagos desempenham um papel importante na iniciação e manutenção das respostas inflamatórias na AR. A estimulação dos macrófagos pode ser mediada por células de memória T CD4+ activadas, que são abundantes nas articulações inflamadas dos doentes (van Roon *et al.*, 2003). Os resultados deste estudo mostram que não existe uma correlação significativa entre a resposta imunitária celular (CD4 e CD8) dos doentes, como se pode ver na tabela (4.11).

Tabela 4.11: Correlação entre a imunidade celular (CD4 e CD8) em doentes com AR.

Correlações	CD4 TCD4/ul
Correlação CD8TCD8/ulPearson	.189
Valor P	.060
Significativo	NS

Estes resultados não são consistentes com os de Mahir *et al* (2007), que não encontraram diferenças significativas na percentagem média de células T auxiliares (CD4+) e de células T citotóxicas (CD8+) em doentes com AR em comparação com indivíduos saudáveis (P>0,005), enquanto Lee *et al.* (2006) referiram que a percentagem de linfócitos T circulantes (células auxiliares CD4+) na corrente sanguínea de doentes com AR aumentou ligeiramente, enquanto a percentagem de células T citotóxicas (CD8+) diminuiu ligeiramente. Por outro lado, outros investigadores demonstraram que as proporções de células T CD4+ e CD8+ eram semelhantes em doentes com AR e em controlos saudáveis (Berner *et al.*, 2000). Embora se suspeite de um papel das células T CD8+ na patogénese da artrite reumatoide, a natureza exacta do seu envolvimento ainda não foi totalmente elucidada. As células T CD8+ têm sido associadas à presença de centros germinativos na sinóvia da AR, o que sugere um papel das células T CD8+ na formação ou manutenção destas estruturas linfáticas na sinóvia (Maldonado *et al.*, 2003). Outros estudos mostraram que as células T CD8+ apresentam oligoclonalidade no sangue periférico e no líquido sinovial de doentes com AR, levantando a questão de saber se esta oligoclonalidade se deve a antigénios (Skapenko *et al.*, 2005). Além disso, as células T CD4+ contribuem para a produção de auto-anticorpos, inflamação, angiogénese sinovial, hiperplasia e destruição da cartilagem e do osso na AR, e as células T reguladoras estão envolvidas na supressão das respostas celulares e humorais na AR. Para além disso, foram descritas na AR anomalias na homeostasia das células T e nas respostas in vitro, que podem ter origem genética (Berner *et al.*, 2000).

Fenotipagem HLA

O HLA é um importante fator genético que desencadeia ou regula a resposta imunitária através da apresentação de antigénios próprios ou estranhos aos linfócitos T. Consequentemente, uma menor ou maior representação de certos alelos HLA pode contribuir para o desenvolvimento da artrite reumatoide. Neste estudo, a tipagem HLA é realizada para dois grupos (doentes com AR, grupo de controlo saudável) utilizando o método serológico para a tipagem HLA. Os resultados foram lidos num microscópio invertido. As células claras são consideradas como resultados negativos, enquanto as células pouco claras significam um resultado positivo, como se mostra na figura (4.11). A distribuição da frequência dos diferentes antigénios HLA classe II DR para o grupo de AR e para os controlos saudáveis é apresentada na tabela (4.12). Foram observadas frequências altamente significativas dos antigénios HLA-DR4 e DR53, com um valor de P (0,001) para ambos os grupos. Por conseguinte, estas frequências têm, respetivamente, um risco relativo (RR) aumentado (7,21 e 6,24) e uma fração etiológica (EF) aumentada (0,41 e 0,38) com uma associação positiva, e o seguinte antigénio DR1 também foi observado em doentes com AR com frequências mais elevadas do que nos grupos de controlo saudáveis com RR (1,28) e EF (0,048). Além disso, alguns antigénios apresentaram uma frequência mais elevada nos controlos saudáveis em comparação com os doentes, mas não foram estatisticamente significativos, tais como HLA-DR3, DR5, DR7, DR8, DR9, DR10, DR11 e DR52.

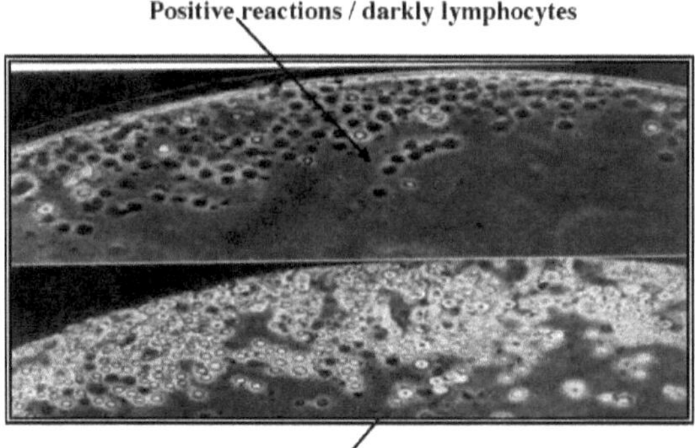

Tabela 4.12: A frequência do antigénio HLA classe II DR em doentes com AR e no grupo de controlo.

HLA- DR	Pacientes com AR (50)		grupo saudável (50)		RR	EF	PF	Valor P	PC
	N	%	N	%					
1	11	22	9	18	1.284	0.048	-0.051	0.619	NS
2	2	4	2	4	1	0	0	0.1	NS
3	6	12	9	18	0.621	-0.073	0.068	0.403	NS
4	27	54	7	14	7.211	0.411	-0.850	0.00	0.00
5	7	14	11	22	0.577	-0.102	0.093		NS
6	2	4	3	6	0.652	-0.021	0.020	0.648	NS
7	2	4	5	10	0.375	-0.066	0.062	0.242	NS
8	1	2	3	6	0.319	-0.042	0.040	0.310	NS
9	10	20	12	24	0.791	-0.052	0.05	0.631	NS
10	4	8	7	14	0.534	-0.069	0.065	0.34	NS
11	0	0	2	4	0	*****	****	0.155	NS
14	1	2	1	2	1	0	0	1.0	NS
52	11	22	16	32	0.599	0	****	0.262	NS
53	23	46	6	12	6.246	0.386	-0.629	0.00	0.00

A distribuição das frequências HLA-DR para os grupos estudados mostrou que a frequência do antigénio DR4 foi altamente significativa nos doentes em comparação com o grupo de controlo, tendo sido reportados resultados comparáveis em alguns outros estudos (Young Kim *et al.*, 1995; Balsa *et al.*, 2000). No que diz respeito a esta associação, foram relatados resultados diferentes, tendo sido observada uma associação altamente significativa entre DR4 e AR, mas numa percentagem menor (Molkentin *et al.,* 1993; Molkentin *et al.,* 2003; Kapitany *et al.,* 2005). No entanto, a associação com determinados antigénios HLA-DR está sujeita a variações étnicas devido a diferenças na frequência inicial dos antigénios nas populações em causa (Ollier e Thomson, 1992). Além disso, numerosos estudos demonstraram a importância das moléculas HLA na suscetibilidade à AR, nomeadamente o antigénio DR4. Este antigénio pode regular a capacidade do sistema imunitário para reagir, mas não a todos os factores ambientais susceptíveis de desencadear a doença (Agrawal *et al.*, 1996; Sels *et al.*, 1997; Fugger e Svejgaard, 2000). A elevada frequência de DR53 também é significativamente observada em doentes com AR, e esta conclusão é consistente com alguns estudos (Molkentin *et al.*, 1993; Al-Haidary, 2003). Além disso, o HLA-DR1 surgiu como um fator de risco (1,28) que tendeu a ser mais prevalente nos doentes do que nos controlos. Os nossos resultados estão, em geral, de acordo com os achados em doentes coreanos com AR (Young Kim, 1995) e são semelhantes ao relatório de Kapitany *et al* (2005), que mostrou a prevalência de DR1 na população em geral, bem como em doentes DR4-negativos, que também foi significativamente mais elevada em doentes reumáticos asiáticos, gregos e israelitas. Além disso, Fugger e Svejgaard (2000) referiram que a suscetibilidade hereditária à doença estava associada ao HLA-DR4 e ao DR1, tanto em homens como em ratinhos.

Em geral, verificou-se que os antigénios HLA-DR3, DR5, DR7, DR8, DR9, DR10, DR11 e DR52 eram mais frequentes nos controlos saudáveis do que nos doentes. No que diz respeito ao DR3, foi observada uma associação positiva do HLA-DR3 com doentes com AR no Canadá, em particular com doenças graves que desenvolveram reacções tóxicas induzidas pelo ouro (Signal *et al.*, 1992), enquanto no Kuwait, a associação do DR3 com a AR é explicada por uma elevada frequência de DR3 associada a uma frequência relativamente baixa de DR4 (Sattar *et al.*, 1990). É provável que a diferença entre DRs em diferentes grupos de doentes com AR esteja relacionada com a gravidade da doença ou se deva a diferenças entre alelos predominantemente associados a doentes com AR e que reflictam a prevalência desse alelo em populações de controlo. Os resultados apresentados na tabela (4.13) mostram que a frequência do antigénio HLA-DQ3 (P<0,001) é elevada no grupo de AR em comparação com os grupos de controlo, com um valor de RR de (5,687) e um valor de EF de (0,428), enquanto os antigénios HLA-DQ1 e DQ2 são mais frequentes nos grupos de controlo saudáveis do que nos doentes, mas não atingem significado estatístico.

Tabela 4.13: A frequência do antigénio HLA classe II DQ em doentes com AR e no grupo de controlo.

HLA- DQ	RA (50)		Controlo (50)		RR	EF	PF	Valor P	PC
	N	%	N	%					
1	11	22	16	32	0.599	0	****	0.262	NS
2	22	44	29	58	0.568	-0.333	-0.25	0.356	NS
3	26	52	8	16	5.687	0.428	-0.750	0.00	0.00

Várias doenças auto-imunes que ocorrem nos seres humanos são mediadas pelo HLA-DQ, como a artrite reumatoide. A associação de locais específicos em auto-antigénios é mais difícil em humanos devido à complexa variação de indivíduos heterogéneos, mas foram observadas diferenças subtis na estimulação de células T em relação aos tipos de DQ, em que uma pequena alteração ou aumento na apresentação de um potencial auto-antigénio pode resultar em autoimunidade (Atassi *et al.*, 2001; Deitiker *et al.*, 2006) No nosso estudo, encontrámos uma forte correlação positiva do DQ3 entre a AR e o controlo saudável com RR (5,68) e EF (0,42). Esse resultado é semelhante à observação de Pascual *et al* (2001), que relataram que o RR do DQ3 foi de (5,4). Por outro lado, Vos *et al* (2001) encontraram resultados semelhantes, observando que pessoas homozigotas para DQ3/3 têm o maior risco de desenvolver a doença e que DQ1 e DQ2 são mais frequentes em pessoas saudáveis do que em doentes. Estes dados são consistentes com o estudo de Al-Haidary (2003), que mostrou que o DQ3 está associado à doença, enquanto o DQ2 se correlaciona com a proteção na presença ou ausência do alelo DR4. Assim, o desenvolvimento da AR depende da expressão do alelo DQ suscetível e do alelo DRB1 não protetor, que por sua vez está ligado a factores ambientais que estimulam o processo autoimune (Zanelli *et al.*, 1995), enquanto Taneja e David (2001) sugerem que o polimorfismo nos genes DQB1 pode determinar a suscetibilidade à AR, enquanto o polimorfismo DRB1 pode ditar a gravidade/proteção da doença. No nosso estudo, é este o caso, uma vez que o DQ3 está associado à AR, enquanto os DQ1 e DQ2 estão correlacionados com a proteção na presença ou ausência do antigénio DR4.

Genotipagem HLA

O método PCR-SSP utilizou 20 primers específicos para HLA-DR e 17 específicos para HLA-DQ e uma mistura de controladores. Este sistema foi utilizado para determinar alelos HLA-DR e DQ individuais em controlos e doentes com AR. Uma amplificação bem sucedida resultou na formação de um fragmento de ADN de comprimento definido como uma banda de controlo interno positivo em todas as pistas, exceto na pista de controlo negativo; se não ocorreu amplificação, a banda não foi detectada. A amplificação específica positiva levou à formação de uma banda de amplificação específica positiva, para além de uma banda de controlo interno positiva (ver Figuras 4.4 e 4.5).

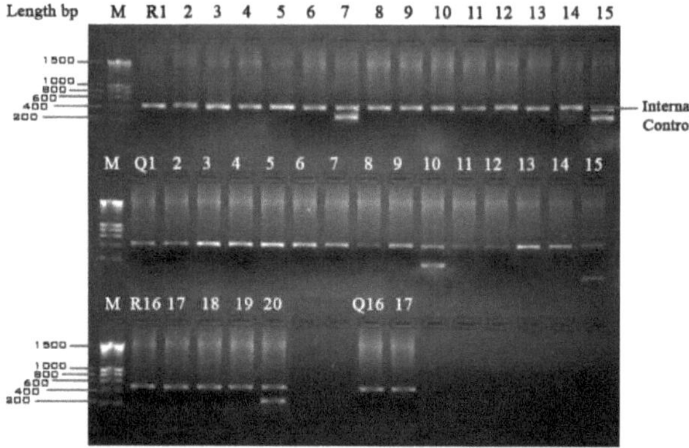

Figura (4.5): Eletroforese da amplificação dos alelos HLA-DR e HLA-DQ (gel de agarose a 1%, 20 minutos a 200 volts) por PCR-SSP de doentes com AR.

*A primeira linha (1-15) e a terceira linha (16-20) representam a genotipagem HLA-DR utilizando primers que detectam os seguintes alelos, tal como estavam presentes nos poços numerados:1= 1R; 2= 2R; 3= 3R; 4= 4R; 5= 5R; 6= 6R; 7= 7R; 8= 8R; 9= 9R;10= 10R; 11= 11R; 12= 12R; 13= 13R; 14= 14R; 15= 15R; 16= 16R; 17 = 17R; 18= 18R; 19= 19R; 20= 20R. (Para mais pormenores, ver a ficha de resultados no Apêndice II-A).

*A segunda linha (1-15) e a terceira linha (16-17) representam a genotipagem HLA-DQ utilizando primers que detectam os seguintes alelos, tal como estavam presentes nos poços numerados: 1= 1Q; 2= 2Q; 3= 3Q;4= 4Q;5= 5Q;6= 6Q; 7= 7Q;8=8Q; 9= 9Q;10= 10Q; 11= 11Q; 12= 12Q; 13=13Q; 14= 14Q; 15= 15Q; 16=16Q;17 = 17Q (Para mais pormenores, ver a folha de resultados no Anexo II-B).

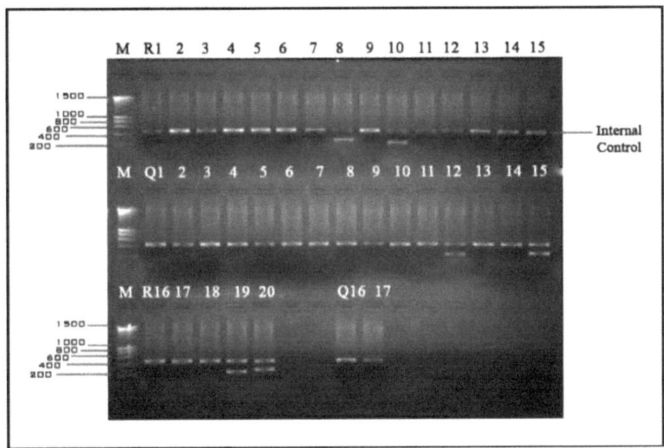

Figura (4.6): Eletroforese da amplificação dos alelos HLA-DR e HLA-DQ (gel de agarose a 1%, 20 minutos a 200 volts) por PCR-SSP de doentes com AR.

*A primeira linha (1-15) e a terceira linha (16-20) representam a genotipagem HLA-DR utilizando primers que detectam os seguintes alelos, tal como estavam presentes nos poços numerados:1= 1R; 2= 2R; 3= 3R; 4= 4R; 5= 5R; 6= 6R; 7= 7R; 8= 8R; 9= 9R;10= 10R; 11= 11R; 12= 12R; 13= 13R; 14= 14R; 15= 15R; 16= 16R; 17 = 17R; 18= 18R; 19= 19R; 20= 20R. (Para mais pormenores, ver a ficha de resultados no Apêndice II-A).

*A segunda linha (1-15) e a terceira linha (16-17) representam a genotipagem HLA-DQ utilizando primers que detectam os seguintes alelos, tal como estavam presentes nos poços numerados: 1= 1Q; 2= 2Q; 3= 3Q;4= 4Q;5= 5Q;6= 6Q; 7= 7Q;8=8Q; 9= 9Q;10= 10Q; 11= 11Q; 12= 12Q; 13=13Q; 14= 14Q; 15= 15Q; 16=16Q;17 = 17Q (Para mais pormenores, ver a folha de resultados no Anexo II-B).

Associação de alelos HLA de classe II com AR

A artrite reumatoide é uma doença genética complexa em que a região HLA é a que mais contribui para o fator de risco genético. Estima-se que os factores genéticos sejam responsáveis por até 50-60% do risco de AR (Turesson e Matteson, 2006). Um dos objectivos deste estudo era medir a ligação entre determinados alelos HLA-DR, alelos DQ, e o desenvolvimento de AR. Para verificar esta ligação, as frequências dos alelos HLA foram comparadas em doentes e controlos. Foi estabelecida uma distribuição de frequências, indicando qual dos alelos HLA-DR e DQ era mais frequente ou menos frequente em 100 doentes e controlos para cada um dos dois loci utilizados neste estudo. Para o locus DR, a análise estatística revelou um aumento de frequência altamente significativo apenas para : DR *04 (01 22 not 0415) em comparação com os controlos saudáveis, mas o valor de p ajustado negligenciou esse significado (P<0,001). Consequentemente, estas frequências têm um risco relativo (RR) aumentado (5,23) e uma fração etiológica (EF) (0,38) com uma associação positiva. Por outro lado, o alelo DR* 0701 apresentou uma frequência significativamente baixa na AR em comparaçao com controlos saudáveis. Além disso, os seguintes factores

Os alelos DR*01(01,02,04) e DR*13 (01,05,06,09,10,16,18,20,27,88,31) apresentaram-se em doentes com AR com frequências mais elevadas do que no grupo de controlo saudável com RR (2,43; 4,75) e EF (0,17 ;0,15) respetivamente, mas não foi demonstrada significância (tabela 4.14), enquanto os alelos DR*15(01-03,06), DR*12(01,03,05), DR*08(01-19, não 0805,0818), DR*0415, DR*1001 foram significativamente mais frequentes nos controlos saudáveis do que nos doentes com AR com P (0,023; 0,021; 0,186; 0,021). Entre os alelos do locus DQ, os alelos DQB1*03 (02, 07) foram encontrados com maior frequência em doentes com AR do que em controlos saudáveis com RR (3,69) e EF (o,34), enquanto os alelos DQB1*0303 foram encontrados com maior frequência no grupo de controlo saudável do que em doentes com AR com RR altamente significativo (P<0,001) (0,11) e EF (0,35), como se mostra na tabela (4.15). Além disso, em comparação com o grupo de controlo saudável, alguns alelos DQB1*0301 foram mais elevados nos doentes com AR do que no grupo de controlo, mas não de forma estatisticamente significativa, tal como os seguintes alelos: DQB1*0401;

DQB1*06(02,10,11,13), que foram mais frequentes no grupo de controlo saudável do que nos doentes com AR, com RR(0,52) e PF(0,11), enquanto o DQB1*02(01,02) só foi encontrado no grupo saudável, mas não mostrou significância.

Table (4(14)   Frequência e (RR, EF, PF) dos alelos HLA-DR em doentes com AR em comparação com controlos saudáveis.

HLA-DRB1	RA (100)		Controlo (100)		RR	EF	PF	Valor P	PC
Genótipo	N	%	N	%					
DR*01(01,02,04)	30	30	15	15	2.43	0.176	-0.214	0.206	NS
DR*15(01-03,06)	5	5	25	25	0.158	-0.267	0.211	0.023	NS
DR*03(01,06,08,10)	12	12	10	10	1.227	0.022	-0.023	0.776	NS
DR*04(01-22 não 0415)	48	48	15	15	5.230	0.388	-0.634	0.00	0.00
DR*0701	5	5	30	30	0.122	-0.357	0.263	0.00	0.00
DR*08(01-19,não 0805,0818)	5	5	15	15	0.298	- 0.117	0.105	0.186	NS
DR *0415	3	3	20	20	0.102	-0.218	0.179	0.021	NS
DR*1001	5	5	15	15	0.298	-0.117	0.105	0.186	NS
DR*11(01-31 não 11(09,10,13,16,17,20,22)	25	25	15	15	1.889	0.117	-0.133	0.375	NS
DR*12(01-03,05)	3	3	20	20	0.123	-0.213	0.174	0.021	NS
DR*13(01,05,06,09,10,16,18,20,27,28,31)	20	20	5	5	4.75	0.1578	-0.187	0.125	NS
DR *14(02,06,19,20)	0	0	5	5	0	0	0	0.154	NS
DR *1302	3	3	20	20	0.102	-0.218	0.179	0.021	NS
DR *16(01-08)	5	5	30	30	0.122	-0.357	0.263	0.00	0.00
DR *0819	3	3	20	20	0.102	-0.218	0.179	0.021	NS

Table (4(15)   Frequência e (RR, EF, PF) dos alelos HLA-DQ em doentes com AR em comparação com controlos saudáveis.

HLA-DQ	RA (100)		Controlo (100)		RR	EF	PF	Valor P	PC
Genótipo	N	%	N	%					
DQB1*0501	20	20	15	15	1.417	0.058	-0.062	0.637	NS
DQB1*0601	5	5	5	5	1	0	0	1.00	NS
DQB1*06(02,10,11,13)	2	2	15	15	0.115	-0.153	0.129	0.067	NS
DQB1*02(01,02)	0	0	10	10	0	0	0	0.042	NS
DQB1*0301	35	35	10	10	4.846	0.278	-0.384	0.039	NS
DQB1*03(02,07)	48	48	20	20	3.692	0.349	-0.538	0.00	0.00
DQB1*0303	7	7	40	40	0.112	-0.555	0.356	0.00	0.00
DQB1*0401	15	15	25	25	0.529	-0.133	0.117	0.345	NS

Para investigar o papel do HLA-DR e DQ na imunobiologia da AR, caracterizámos os seus genótipos por PCR-SSP para encontrar uma ligação entre o genótipo HLA e a AR em doentes iraquianos. O presente trabalho mostrou uma associação altamente significativa do alelo DR*04 (01-22 not 0415) com doentes com AR (P= 0,000) em comparação com controlos saudáveis. O valor RR para este alelo foi de (5,23), o que significa que as pessoas com este alelo têm 5,23 vezes mais probabilidades de desenvolver AR do que as pessoas da mesma população que não têm este alelo. Este resultado está de acordo com outro estudo efectuado por Kapitany *et al* (2005), que revelou um número estatisticamente significativo de alelos DRB 1*04 (DR4) em doentes húngaros em comparação com indivíduos saudáveis, e Thomson *et al* (1999) também explicam que os alelos DRB1*04 (DR4) estão significativamente associados à AR, tendo-se verificado que os alelos DRB1*0404 parecem ter o efeito mais forte. Em doentes colombianos, foi observada a mesma associação entre DR4 e doentes com AR (Anaya *et al.,* 2002), enquanto Ali *et al.* (2006) verificaram que a frequência dos alelos DRB1*04 não apresentava diferenças estatísticas entre doentes com AR e controlos. Assim, o RR é aproximadamente seis vezes mais elevado em pessoas portadoras do alelo DRB 1*04 (DR4) do que naquelas que não o possuem (Nepom, 1998). Numerosos estudos confirmaram que os alelos HLA DRB1*04 (DR4) nos gregos estão fortemente associados a doentes com AR (Constatininidou *et al.*, 1998). Do mesmo modo, em alguns países do Sul da Ásia, incluindo a Índia, foi registada a maioria dos doentes com AR (Taneja *et al.*, 1993), mas na AR caucasiana, os subtipos DR1 e DR4 são mais frequentes do que os subtipos DR10 ou DR14 (Nepom *et al.*, 1994). Em geral, a frequência de DR4 é excecionalmente elevada em doentes com AR de outros grupos populacionais (Yelamos *et al.*, 1993). Todos os estudos indicam que a associação de um determinado alelo com a AR varia entre diferentes grupos étnicos, o que levou a um estudo da frequência dos alelos HLA-DR e HLA-DQ em doentes iraquianos com AR. Estas variações genéticas no HLA-DRB1 e noutros loci relacionados demonstraram estar associadas à resposta ao tratamento na AR inicial (Criswell *et al.*, 2004). Por outro lado, a frequência do alelo DR* 0701 foi significativamente baixa na AR em comparação com controlos saudáveis, pelo que estes alelos podem ter um efeito protetor contra a doença. Para além disso, alguns alelos tinham frequências mais elevadas na AR em comparação com indivíduos saudáveis, mas estas frequências não eram estatisticamente significativas, tais como DR*01(01,02,04); DR*13(01,05,06,09,10,16,18,20,27,28,31) e DR*11(01-31 no 11(09,10,13,16,17,20,22), cada um com um risco relativo elevado (2,43,4,75,1,88). O presente resultado está em contradição com os resultados de outros estudos sobre DR*01, que é mais frequente na AR em comparação com indivíduos de controlo (Ali *et al.*, 2006; Kapitany *et al.*, 2005), e Constantinidou *et al.* (1998) também encontraram uma forte associação da AR com DR*01 na população grega. A frequência dos alelos DR*15(01-03, 06) foi elevada nos controlos saudáveis em comparação com os doentes, mas não foi estatisticamente significativa, pelo que estes alelos podem ter um efeito protetor contra a doença. Por outro lado, um estudo anterior concluiu que o DR*15 tinha uma frequência elevada na AR de origem paquistanesa (Ali *et al.*, 2006), enquanto os dados actuais são consistentes com um estudo indiano em que foi observada uma frequência baixa de DR*15 em doentes indianos em comparação com controlos sem AR (Taneja *et al.*, 1993). Estes relatórios sugerem que a DR*15 pode estar associada de forma diferenciada à AR em diferentes populações. Numerosos estudos demonstraram que o locus DRB1 é responsável por 30% do risco genético da AR (Jawaheer e Gregersen, 2002). Estes resultados estão de acordo com relatórios anteriores que indicam que a AR grave está fortemente associada ao HLA-DR4 e que os doentes com uma variante grave da doença (Weyand e Goronzy, 1990). O HLA-DRB1 tem sido o principal gene associado à suscetibilidade à AR. Esta molécula desempenha um papel importante no risco genético de desenvolver AR (Snijders *et al.*, 2001; Jawaheer e Grengersen, 2002; Feitsmal *et al.*, 2007), mas apenas os alelos HLA-DRB1 foram ligados e associados à AR, o que satisfaz os critérios de um fator genético totalmente demonstrado (Dieude *et al.*, 2005). Além disso, não foram observadas frequências estatisticamente significativas elevadas de determinados alelos HLA-DQ em doentes com AR em comparação com grupos de controlo, como DQB1*0301, enquanto 03 (02,07) apresentaram frequências altamente significativas com RR (3,69), EF (0,34) e DQB1*0301 com RR elevado (4,84). A frequência dos alelos DQB1*0303 foi significativamente mais baixa nos doentes com AR do que nos controlos saudáveis. Este alelo poderia estar subjacente à proteção contra a doença, mas são necessários mais estudos para esclarecer melhor esta ligação. O nosso resultado está de acordo com os resultados de um estudo indiano que observou uma elevada frequência de DQ3 em doentes indianos com AR e uma associação entre DR4 e DQ3 (Nyman *et al.*, 2004), e Adl'hiah (1990) também mostrou que o DQ3 era mais frequente em doentes com AR no nordeste de Inglaterra. Do mesmo modo, os resultados de Al-Haidary *et al* (2003) sobre a correlação de DR4 e DQ3 com a doença utilizando métodos serológicos. Estas diferenças genéticas determinam as diferentes expressões da doença e foi sugerido que nem todos os alelos que codificam o epítopo comum são equivalentes em termos da sua associação com a suscetibilidade ou gravidade da AR, quer como alelo único quer como par de alelos (Balsa *et al.*, 2000). A maioria dos doentes afro-americanos com AR não expressa o epítopo comum, e a gravidade da doença é semelhante nos doentes com e sem o epítopo, independentemente da dose do alelo (Budhai *et al.*, 1996). Apenas alguns estudos indicam que os alelos DQB1 podem influenciar a expressão clínica ou biológica da doença, talvez através de um efeito complementar de DRB1 e DQB1 (Weyand, 2001).

Capítulo 5: Conclusões e recomendações

Os resultados deste estudo mostram

1. Verificou-se que a idade mais comum dos doentes com artrite reumatoide é a quarta e quinta décadas e que a maioria dos doentes é do sexo feminino (84%).
2. A estimativa de anticorpos anti-CCP deu (69%). Este teste é considerado um bom parâmetro para o diagnóstico da artrite reumatoide.
3. Nos doentes com AR, foi observado um aumento significativo dos níveis séricos de IL-a, GM-CSF, IL-8, IL-6 e recetor de IL-2 em comparação com o grupo de controlo saudável.
4. O valor médio dos linfócitos T CD8+ catatónicos foi significativamente reduzido nos doentes com AR em comparação com o grupo saudável.
5. A frequência de HLA-DR, HLA-DR53 e HLA-DQ3 é elevada em doentes com AR. Isto realça o papel do antigénio HLA-DR na suscetibilidade à artrite reumatoide.
6. Com base nos dados actuais, a frequência do alelo HLA-DRB1*04 (01-22 no 0415) estava significativamente aumentada nos doentes com AR em comparação com o grupo de controlo saudável, o que pode indicar a presença de pelo menos um fator genético necessário para a suscetibilidade à doença, enquanto o alelo HLA-DRB1*0701 tinha uma frequência significativamente baixa nos doentes em comparação com o grupo de controlo. A frequência do HLA-DQB 1*03 (02,07) foi significativamente mais elevada nos doentes com AR em comparação com o grupo de controlo saudável, enquanto o HLA-DQB1*0303 foi mais frequente nos indivíduos saudáveis do que nos doentes com AR.

Com base nos resultados deste estudo, podem ser feitas as seguintes recomendações:

1. São necessários mais estudos para clarificar o papel do HLA classe I e do HLA classe III na suscetibilidade e no desenvolvimento da doença, bem como um estudo familiar de genotipagem HLA nos doentes.
2. Deveria ser feita uma nova tentativa de estudar os efeitos de outras moléculas, como a metaloproteinase da matriz MMP-3 ou a colagenase, na patogénese da artrite reumatoide.
3. São necessários mais estudos para esclarecer o papel específico do gene PTPN22 na patogénese da AR.
4. Estimativa dos níveis de IL-2R nas fases iniciais da doença e relação com a atividade da doença e a gestão do tratamento.

Referências

* **Abbas, NR. (2003).** Algumas caraterísticas imunológicas importantes em pacientes com artrite reumatoide. Tese de mestrado. Escola Superior de Medicina. Universidade de Bagdade.

* **Abdul-Abbas, Kh. (2007).** Correlação entre artrite reumatoide e citocinas selecionadas em doentes iraquianos com artrite reumatoide. Tese de Mestrado. Faculdade de Saúde e Tecnologia Médica. Fundação para o Ensino Técnico.

* **Ad'hiah, AH.(1990).** Estudos imunogenéticos de doenças humanas selecionadas. Tese de doutoramento. Escola de Pós-Graduação em Microbiologia Médica. Universidade de Newcastle.

* **Agrawal, V.; Gupta, R.; Usha, E. & Sharma, SV. (1996).** Antigénios HLA classe I e classe II na artrite reumatoide em Varanasi, Índia. Indian J. Pathol. Microbiol; 39(1): 19-25.

* **Al-Haidary, B. (2003).** Tipagem HLA em doentes com artrite reumatoide (perfil familiar). Tese de doutoramento. Escola Superior de Medicina. Universidade de Bagdade.

* **Ali, A. ; Matter, T. ; Baig, J. ; Iqbal, A.;Hussain, A. & Iqbal, M. (2006).** Polimorfismo HLA-DR e HLA-DQ em doentes com artrite reumatoide e resposta clínica ao metotrexato - um estudo hospitalar. JPMA; 56: 452-456.

* **Al-Naqdy, A.; Al-Busaidy, J. & Hasan, B. (2007).** Avaliação de anticorpos anti-DSDNA em pacientes Omani positivos para anticorpos antinucleares. pak.J.Sci.; 23(2):211-15.

* **Al-Rawi, Z.; Al-Azzawi, A.; Al-Ajili, F.; Al-Wakil, R. (1997).** Artrite reumatoide em amostras populacionais no Iraque. Ann. Rheum Dis; 37: 73-75.

* **Alvaro-Garcia, J.; Zvaifler, N. & Firestein, G. (1999).** Citocinas na artrite inflamatória crónica. Indução do antigénio MHC de classe II em monócitos humanos mediada pelo fator estimulador de colónias de granulócitos/macrófagos: um possível papel na artrite reumatoide. J. of Experimental Medicine ; 170:865-75.

* **Alexiou, I.; Germenis, A.; Ziogas, A.; Theodorido, E. & Sakkas, L. (2007).** Valor diagnóstico dos anticorpos contra o péptido citrulinado anticíclico em doentes gregos com artrite reumatoide. BMC Musculoskeletal Disorders; 8: 37doi:10.1186.

* **Anaya, J.; Correa, P.; Mantilla, R. & Burgos, E. (2002).** Associação com artrite reumatoide numa população colombiana limitada aos alelos HLA-DRB1*04 QRRAA. Genes & Immunity ; 3 : 56-58.

* **Anderson, RJ (2001).** Artrite reumatoide, caraterísticas clínicas e laboratoriais. In: Klippel, J.; Crofford, L.; Stone, J.; *et al.* Cartilha sobre Doenças Reumáticas. [th]12 edição. Atlanta Georgia-Arthritis Foundation; 218-225.

* **Andersson, A. ; Lin, CH. & Brennan, F. (2008).** Novos desenvolvimentos na imunobiologia da artrite reumatoide. Arthritis Res Ther ; 10 : 204.

* **Andrew, E.; Plater-Zyberk, C.; Brown, C. & Willians, D. (1991).** Predictive value of interleukin-1 dos genes da artrite reumatoide . Br. J. Rheumatol ; 30(Suplemento) : 27S-52S.

* **Arend, W. (2001).** Factores de crescimento e citocinas na artrite reumatoide. In: Klippel, J.; Crofford, L.; Stone, J.; *et al.* Primer on the Rheumatic Diseases. 12ª edição. Atlanta, Geórgia. Arthritis Foundation:58-65.

* **Arend, W. (1997).** A fisiopatologia e o tratamento da artrite reumatoide. Arthritis & Rheum;40:595-597.

* **Arnett, F. ; Edworthy, S. ; Bloch, D.;Mcshane, D. ; Fries, J. ; Cooper, N. ; Healey, L. ; Kaplan, S.;liang, M. & luthra ,H. (1988).** Os critérios revistos da Associação Americana de Reumatismo de 1987 para a classificação da artrite reumatoide. Arthritis Rheum; 31:315-324.

* **Atassi, M.; Oshima, M. & Deitiker, P. (2001).** Início inicial da miastenia gravis e supressão da doença por anticorpos dirigidos contra a região peptídica do MHC envolvida na apresentação de um epítopo patogénico de células T. Crit Rev.Immunol.;21(1-3):1-27.

* **Atzeni, F. ; Schena, M. ; Ongari, A. ; Carrabba ,M. ; Bonara, P. ; Minonzio, F. & Capsoni , F. (2002).** Indução da molécula de ativação CD69 em neutrófilos humanos por GM-CSF, IFN-y e IFN-a. Cell Immunol ; 220:20-29.

B

* **Baerwald, C. ; Moke, C.;Peer, E. ; *et al.* (2000).** Polimorfismos do promotor da hormona libertadora de corticotropina (CRH) em diferentes grupos étnicos de doentes com artrite reumatoide. J. Rheumatol; 59(1): 29-34.

* **Balsa, A. ; Minaur, N. ; Pascual, D. ; McCabe, C. ; Balsa ,A. ; Fiddament, B. ; Vicario, J. ; Cox, N. ; Martin-Mola, E. & Hall, N. (2000).** Antigénios MHC de classe II na artrite reumatoide precoce em Bath (Reino Unido) e Madrid (Espanha). Rheum; 39:844-849.

* **Barkley, D.; Feldmann, E. & Maini, A. (1989).** Deteção de diferentes populações de células produtoras de interleucina-1 a e interleucina-1e em sangue periférico humano ativado por imunofluorescência. J. Immunol. Methods; 120:277-83.

* **Barland, P. & Lipstein, E. (1996).** Seleção e utilização de testes laboratoriais em doenças reumáticas. Am. J. Med; 100 (Suppl.2A):165-325.

* **Bas , S. ; Perneger, T. & Mikhnevitch ,E . (2000).** Associação de factores reumatóides e anticorpos antifilagrina com a gravidade das erosões na artrite reumatoide. Rheumatol ; 39:1082-8.

* **Bas, S. ; Genevay, S. ; Mayer,O. & Gabay, C. (2003).** Anticorpo anti-cíclico peptídeo citrulinado, factores reumatóides IgM e IgA no diagnóstico da artrite reumatoide. Rheumatol ; 42 : 677-80.

* **Belov, A.;Katherine,E. ; Janine, E. ; Deakin, T. Papenfuss,T. ; et. al . (2006).** Reconstrução de um supercomplexo imune ancestral de mamíferos a partir de um complexo de histocompatibilidade principal de marsupial. PLOS Biol ; 4(3) (e46).

* **Bender, K. (1984).** O sistema HLA. Biotest . Bulletin ; 2 (2) : 64 -116 .

* **Berglin, E. ; Padyukov,L. ; Hallmans,G. ; Van Venrooij, W. ; Klareskog ; L. & Rantapaa-Dahlquist , S. (2003).** A presença de genes de epítopos comuns aumenta o valor preditivo dos anticorpos anti-péptido citrulinado cíclico (PCC) na artrite reumatoide. Arthrite Rhumatismale ; 489 Suppl : S678.

* **Bernasconi, N.; Traggiai, E. & Lanzavecchia, A. (2002).** Manutenção da memória serológica por ativação policlonal de células B de memória humana. Science ; 298:2199-202.

* **Berner, B. ; Akca, D. ; Jung, T. ; Muller,G. & Reuss-Borst, MA (2000).** Análise das células T CD4 e CD8 que expressam citocinas Th1 e Th2 na artrite reumatoide por citometria de fluxo. J. Rheum;27(5):1128-35.

* **Bingham, C. (2002).** A patogénese da AR: citocinas decisivas envolvidas na reabsorção óssea e na inflamação. Rheumatol. 29 suppl 65 : 3-9.

* **Bischof, R. ; Zafiropoulos, D. ; Hamilton, J. & Campbell , I. (2000).** Agravamento da artrite inflamatória aguda por CSF-1 e granulócito-macrófago (GM)-CSF: evidência de infiltração de macrófagos e proliferação local. Clin.Exp.Immunol; 119(2): 361367.

* **Bizzaro, N. ; Mazzanti, G. ; Tonutti, E.;Villalta, D. & Tozzoli, R. (2001).** Precisão diagnóstica do teste anti-CCP para a artrite reumatoide. Clin. Chem ; 47(6):1089-93.

* **Bjorkman, P. & Burmeister, W. (1994).** A estrutura de duas classes de moléculas MHC elucidada: diferenças e semelhanças decisivas. Curr. Opin. Struc. Biol ; 4 : 852.

* **Biaв, S.; Haferkamp, C.; Specker, C.; Schwochau , M.; Schneider, M. & Schneider , E. (1997).** Artrite reumatoide: células T autorreativas que reconhecem um novo autoantígeno 68k. Ann. Rheum. Dis ; 56 : 317-322.

* **Bla(t, S.; Engel, J. & Burmester, G. (1999).** O homúnculo imunológico na artrite reumatoide. Arthritis Rheum ; 42 : 2499-506.

* **Bla(h S. ; Union, A. ; Raymackers ,J. ; Schumann, F. ; Ungethum ,U. ; Muller-Steinbach ,S. ; De Keyser, F. ; Engel J. & Burmester, G. (2001).** A proteína de stress BiP está sobre-expressa e constitui um importante alvo das células B e T na artrite reumatoide. Arthritis Rheum ; 44:761-771.

* **Boffil, M.; Janossy, G. & Lee, C. A. (1992).** Valores de controlo laboratorial para linfócitos T CD4 e CD8. Clin. Exp. Immunol; 88: 243-252 .

* **Bottini, N.; Vang, T.; Cucca, F. & Mustelin, T. (2006).** O papel do PTPN22 na diabetes tipo 1 e noutras doenças auto-imunes. Semin Immunol; 18:207-213.

* **Bowman, S. (2002).** Manifestações hematológicas da artrite reumatoide. Scand J. Rheumatol; 31 (5): 251-259.

* **Brand, V. ; Allan, S. ; Callghan, C. ; Saderstron, A. ; Andrea, A. ; Ogg, G. & Lazetic, A. (1998).** HLA-E liga-se aos receptores de células assassinas naturais CD94 / NK, G2A, B e C. Nature ; 39 : 795.

* **Brennan, F. & Ncinnes, I. (2008).** Evidências do papel das citocinas na artrite reumatoide. J. Clin. Invest; 118:3537-3545.

* **Brewerton, D.; Caffrey, M.; Hart, F.; Nicholls, M.; James, D. & Sturrock, R. (1973).** Espondilite anquilosante e HL-A 27. Lancet; 1: 904-907.

* **Brown, J.; McCloskey, D. & Navarrete, C. (1993).** Serotipagem HL:A-DR e DQ. In: Hui, K.; Bidwell, J. Handbook of HLA Typing technique. Boca, Fla: CRC Press Inc;249-307.

* **Browning, M. & McMichael ,A. (1996).** HLA e MHC: genes, moléculas e função. Capítulo . 15, BIOS scientific publisher Ltd, Oxford.

* **Buch, M. e Emery, P. (2002).** A etiologia e a patogénese da artrite reumatoide. J. Hospital Pharmacist; 9: 5-10.

* **Bukhardt, M. ; Lunt,M. ; Harrison,B. ; Scott, D. ; Symmons ,D. & Silman, A. (2006).** O fator reumatoide é o principal preditor do aumento da gravidade das erosões radiológicas na artrite reumatoide. Resultados do Norfolk Arthritis Register Study, uma grande coorte de entrada. Arthritis Rheum; 46: 906-912.

* **Bull, B.; Farr, M.; Meyer, PJ.; Westengrad, J.; Bacon, P. & Stuart, J. (1989).** Effectiveness of a test for monitoring rheumatoid arthritis (Eficácia de um teste para monitorizar a artrite reumatoide). Lancet: 965-7.

* **Burger, J. ; Zvuifler N. ; Tsukada , N. ; Firestein, G. & Kipps, TH. (2001).** Os sinoviócitos semelhantes a fibroblastos apoiam a pseudo-emperipólise das células B através de um mecanismo dependente do fator 1 derivado de células estromais e do CD 106 (VCAM-1). J. Clin.Invest ; 107 : 305.

* **Burmester, G.; StuhlmOller, B.; Keyszer, G. & Kinne, R. (1997).** Fagócitos mononucleares e sinóvia reumatoide: puxadores de cordas ou viciados em trabalho na artrite. Arthrite rhumatismale; 40: 5-18.

* **Butter, D.; Maini, R.; Feldmann, M. & Breunan, F. (1995).** Modulação da libertação de citocinas pró-inflamatórias em culturas de células da membrana sinovial reumatoide: comparação entre um anticorpo monoclonal anti-TNF-a e um antagonista do recetor da interleucina-1. Eur. Cytokines Nerw;6: 225-30.

C

* **Caruso, C.; Giuseppina, C.; Diego, C.; Antonio, T. & Maria, A. (1993).** Significado biológico do recetor solúvel de IL-2. Mediadores da inflamação; 2:3-21.

* **Cassese, G. ; Arce, S. ; Hauser, A. ; *et al.* (2003).** A sobrevivência das células plasmáticas é mediada por efeitos sinérgicos de citocinas e sinais dependentes de adesão. J. Immunol; 171: 1684-1690.

* **Chabaud, M.; Lubberts, E.; Joosten, L.; van den Berg, W. & Miossec, P. (2001).** A IL-17 do osso justa-articular e da sinóvia contribui para a degeneração articular na artrite reumatoide. Arthritis Res;3 : 163.

* **Chabaud, M.;Durand, J. ; Buchs, N. ; Fossiez, F. & Page, G. ; Frappart, L. ; Miossec, P. (1999).** Human interleukin-17: a pro-inflammatory cytokine derived from T cells and produced by the rheumatoid synovium. Arthritis Rheum; 1999, 42: 963-970.

* **Chapuy-Ragaud, S. ; Nogueira , L. ; Clavel, C. ; Sebbag , M. ; Vincent ,C. & Serre, G. (2003).** Distribuição das subclasses de autoanticorpos IgG contra o fibrinogénio desmineralizado na artrite reumatoide. Arthritis Res ; 5:S2 [Abstr].

* **Chin, J.; Winterrowd, G.; Krzesicki, R. & Sanders, M. (1990).** Papel das citocinas na sinovite inflamatória: a regulação coordenada da molécula de adesão intercelular 1 e dos antigénios HLA classe I e II nos fibroblastos sinoviais reumatóides. Arthritis Rheum; 33: 1776-86.

* **Cho, M.;Min, S. ; Chang, S. ; Kim, K. ; Heo, S. ; Lee, S. ; *et al.* (2006).** O fator de crescimento transformador beta 1 (TGF-beta1) regula a produção de RANTES induzida por TNF alfa em fibroblastos sinoviais reumatóides através da repressão transcricional mediada por NF-kappa B. Immunol. Lett;105: 159-66

* **Chomarat, P.; Vannier, E.; Dechanet, J.; Risson, M.; Bancherean, J.; Dinarello, CA & Miossec, P. (1995).** O equilíbrio antagónico do recetor IL-1/IL-Ip na sinóvia reumatoide e a sua regulação por IL-4 e IL-10. J. Immunol; 154: 1432-9.

* **Choy, E. e Panayi, G. (2001).** Cytokine pathways and joint inflammation in rheumatoid arthritis (Vias das citocinas e inflamação das articulações na artrite reumatoide). N.Eng. J.Med.;344(12):907-16.

* **Constantinidou, A. ; Loubet-Lescoulie, P. ; Lambert, N. ; Yassine-Diab, B. ; Abbal, M. ; Mazieres, B. ; de Preval, C. & Cantagrel, A. (1998).** Efeito anti-inflamatório e imunomodulador do metotrexato no tratamento da artrite reumatoide: demonstração de um aumento da expressão dos genes IL-4 e IL-10 *in vitro* por transcriptase competitiva - reação em cadeia da polimerase. Arthritis Rheum;41(1): 48-57.

* **Cope, A. (2008).** Artrite reumatoide . Em Clinical Immunology Principle & Practice . Publicado por Rich, R.; Schroeder, H.; Fleisher, Th.; Frew, A.; Shearer, W. e Weyand, C. British Library publishers.767-787.

* **Copeman, W. (1997).** Retrospetiva histórica. In: "Copeman Text book of the Rheumatic diseases" de Copeman W.S.C., editado por E. & S. Livingstone, Edinburgh & London, capítulo 1: 1-11.

• **Cominelli, F.; Nast, C.; Llerena, R. Dinarello, C. & Zipser, R. (1990).** Interleukin-1 suprime a inflamação na colite de coelho. Mediação por prostaglandinas endógenas. J. Clin. Invest;85:582-6.

• **Corrigall ,V.; Bodman, M.; Fife, M.; Canas, B.; Myers, L.; Wooley, P.; Soh, C.; Staines, N.; Pappin, D.; Berlo, S.; van Eden W, van der Zee R, Lanchbury, J. & Panayi, G. (2001).** A chaperona molecular do retículo endoplasmático humano BiP é um autoantigénio da artrite reumatoide e previne a indução de artrite experimental. J Immunol ; 166:1492-1498.

• **Craft, J. & Hardin, J. (1993).** Anticorpos antinucleares. Em Kelley, W.; Harris, B.; Ruddy, S.; Sledge, C.B. (eds): [th]Lehrbuch der Rheumatologie, 4 ed. Philla-dephia, WB Saunders.164.

• **Crilly, A.; Madhok, R.; Watson, J. & Capell, H. (1993).** Concentrações séricas do recetor solúvel de interleucina-2 em pacientes com AR: efeito de medicamentos de segunda geração. Ann. Rheum. Dis; 52:58-60.

• **Crilly, A.; Maiden, N.; Capell, H. & Madhok, R. (2000).** Predictive value of interleukin-1 gene polymorphisms for surgery, Ann Rheum Dis; 59: 695-699.

• **Criswell, L.; Lum, R. *et al.* (2004).**A influência da variação genética nas regiões HLA-DRB1 e LTA-TNF na resposta ao tratamento da artrite reumatoide inicial com metotrexato ou etanercept. Arthritis Rheum ; 50(9) : 2750-6.

• **Cross, A. ; Bukcknall, R. ; Cassatella, M. ; Edwards, S. & Moots, R. (2003).** Os neutrófilos do líquido sinovial transcrevem e expressam moléculas de classe II do complexo de histocompatibilidade principal na artrite reumatoide. Arthrite rhumatoïde;48:2796-806.

• **Cruse, J. & Lewis, R. (2000).** Atlas de imunologia. CRP press, USA.PP: 101.

D

• **D' Elia, H. ; Mattson, L. ; Ohlsson, C. ; Nordborg, E. & Carlsten, H. (2003).** A terapia de substituição hormonal na artrite reumatoide está associada a níveis séricos mais baixos do recetor solúvel de IL-6 e a níveis mais elevados do fator de crescimento semelhante à insulina 1. Arthritis Res.Ther;5:R202-9.

• **Dai, L. ; Lamb, D. ; Leake, D. ; Kus, M.;Jones, H. & Morris, C. (2000).** Deteção de lipoproteínas de baixa densidade oxidadas no líquido sinovial de pacientes com artrite reumatoide. Free Radic Res; 32: 479486.

• **Deighton, G. ; Wentzel, J. ; Cavanagh, G.;Roberts, D. ; Deighton, G.;Grey, J. & Bint, A. (1992).** Especificidade do anticorpo anti-proteína na artrite reumatoide. Ann. Rheum. Dis;51:1206.

• **Deitiker, P. ; Oshima, M. ; Smith, R. ; Mosier, D. & Atassi, M. (2006).** Diferenças subtis na apresentação do péptido da cadeia alfa associado ao haplótipo HLA-DQ podem ser suficientes para conferir miastenia gravis. Autoimmunity;3 9(4):277-288.

• **De-Rycke, L. ; Peen, I. ; Hoffman, I. ; Kruithof, E. ; Union, A. ; Meheus, L.;Lebeer, K. ; Vincent, C. ; Mielants, H. ; Boullart, L. ; Serre, G. ; Veys, E. & De Keyser, F. (2004).** Fator reumatoide e anticorpos anti-CCP na artrite reumatoide: valor diagnóstico, associações com a taxa de progressão radiológica e manifestações extra-articulares. Rheum. Dis; 63: 1587-93.

• **Despres, N. ; Boire, G. ; Lopez-Longo, F. & Menard, H. (1994).** O sistema Sa: um novo sistema antigénio-anticorpo específico para a artrite reumatoide. J. Rheumatol; 21:1027-1033.

• **Despres, N. ; Talbot, G.;Plouffe, B. ; Boire, G. & Menard, H. (1995).** Deteção e expressão de um clone de cDNA que codifica um polipeptídeo contendo dois domínios inibitórios da calpastatina humana e seu reconhecimento por soros de artrite reumatoide. J. Clin . Invest ; 95:1891-1896.

• **Dick, H. & Kissmeyere-Nilsen, F. (1979).** Técnicas de histocompatibilidade . North Holland Biomedical Press . Amesterdão . Nova Iorque . Oxford . pp : 1 - 37 .

• **Dieude, PH. ; Garnier, S. ; Michou, L. ; Petit-Teixeira, E. ; GLikmans, K. ; Pierlot, C. ; Lasbleiz, S. ; Bardin, TH. ; Prum, B. & Comelis , F. (2005).** A artrite reumatoide, soropositiva para o fator reumatoide, está associada ao alelo 22-260W do recetor da proteína tirosina fosfatase. Arth. Rheumatology. & Ther;7:1200-R1207.

• **Dinarello, C. (1994).** A família da interleucina-1: 10 anos de descoberta. FASEB J.; **8** (15): 131425.

• **Dinarello, C. (2000).** Interleukin-18, uma citocina pró-inflamatória. Eur.Cytokine Netw; 11:4836.

• **Ding, B.; Padyukov, L.; Lundstrom, E.; Seielstad, M.; Plenge, R.; Oksenberg, J.; Gregersen, P. & Alfredsson, L. (2009).** Diferentes regimes de combinação com anticorpos positivos e negativos para proteínas citrulinadas na artrite reumatoide na região expandida do complexo principal de histocompatibilidade. Arthritis Rheum;60:30-38.

• **Dorak, M. (2002).** Análise estatística em estudos de associação de HLA e doenças. In: Workshop no BSHI. Congresso. Glaskow. www. DoraKmt. tripod. com.

• **Doran, M. ; Crwson, C. ; O'Fallon, W. & Gabriel, SH. (2004).** Os efeitos dos contraceptivos orais e da terapia de substituição de estrogénio no risco de artrite reumatoide: um estudo de base populacional. J. Rheumatol; 31(2): 207-1.

E

• **Eisenberg, D. & Quinn, B. (2006).** Estimating the effect of smoking cessation on weight gain: an instrumental variable approach (Estimar o efeito da cessação tabágica no aumento de peso: uma abordagem de variável instrumental). Health Ser. Res ; 41 : 2255-2266.

• **El-Saffar , JM. (2008).** O papel do péptido citrulinado anti-cíclico e dos anticorpos contra a interleucina 2,6 no diagnóstico da artrite reumatoide em doentes iraquianos. Tese de doutoramento. Universidade Científica. Universidade de Bagdade.

• **Engvall, E. & Perlmann, P. (1971).** Ensaio de imunoabsorção enzimática (ELISA), teste quantitativo para IgG. Immunochemi; 8: 870 - 74.

• **Eremin, O.; Coombs, R. e Asb, B. (1981).** Os linfócitos que se infiltram no cancro da mama humano carecem de atividade das células K e apresentam um baixo nível de atividade das células NK. Br. J. Cancer, 44: 166-76.

• **Ernestam, S. (2006).** Modulação farmacológica de citocinas na artrite reumatoide - aspectos da resposta clínica e regulação endócrina. Tese de doutoramento. Instituto Karolinska. Hospital Universitário de Karolinska. Estocolmo, Suécia.

F

• **Feitsma, A. ; Worthington, J. ; Van Mill, A. ; Thomson, W. ; Ursum,J. ; Scharadenburg , D. ; Bruinsma, I. ; Rood ,J. ; Huizinga,T. ; Toes, R. & Vries, R. (2007).** Efeito protetor dos antigénios HLA-DR maternos não hereditários no desenvolvimento da AR. Genes & Immunity ; 104(50):19966-19970.

• **Fernando,M.;Stevens, C.;Walsh,E.;De Jager, P. ; Goyette,P. ; Plenge,R. ; Vyse,T. & Rioux,J. (2008).** Definição do papel do MHC na autoimunidade: uma visão geral e uma análise conjunta. PLOS Genet;4:e1000024.

• **Fiehn, C.;Wermann, M.;Pezzutto, A. ; Hufner, M. & Heilig, B. (1992).** Concentrações plasmáticas de GM-CSF na artrite reumatoide, LES e espondiloartropatia. Journal of rheumatology;51(3):121-126.

• **Firestein, G. & Zvaifler, N. (1990).** How important are T cells in the synovitis of chronic rheumatoid arthritis. Arthritis Rheum ; 33:1437.

• **Fleming, A.; Crown, J. & Corbett, M. (1976).** Início precoce da doença reumatoide. Ann. Rheum. Dis; (4): 357-60.

• **Forbes, S. & Trowsdale, J. (1999).** O relatório trimestral do MHC. Immunogenetics; 50: 152-159.

• **Forrestier, J. (1935).** Artrite reumatoide e seu tratamento com sais de ouro. J. Lab. Clin. Med ; 20 : 827 - 40.

• **Fraser, K. (1982).** Contribuições anglo-francesas para o reconhecimento da artrite reumatoide. Ann. Rheum.Dis.;41:335-43.

• **FU, Y.;Yan, G.; Shi, L. & Faustman, D. (1998).** Processamento de antigénios e autoimunidade, biogenética das glândulas salivares. Ann. Nova Iorque. Acad. Sci;842: 138-154.

• **Fugger , L. & Svejgaard , M. (2000).** Associação de MHC e artrite reumatoide: estudos de HLA-DR4 e RA em ratos e humanos. Arthritis Res;2: 208-211.

G

• **Gabriel, SH. & Michaud, K. (2009).** Estudos epidemiológicos sobre a incidência, prevalência, mortalidade e comorbilidade das doenças reumáticas. Arthritis Res Ther ; 11(10):1186.

• **Garrod, A. (1859).** Nature and treatment of gout and rheumatic gout (Natureza e tratamento da gota e da gota reumática). Walton & Maberly; Londres.

• **Ghiran, I. ; Barbashov, S. ; Klickstein, L. ; Tas, S. ; Jensenius, J. & Nicholson-Weller, A. (2000).** O recetor de complemento 1/CD35 é um recetor de lectina de ligação a manano. J. Exp. Med. 192:1797807.

• **Ghodke, Y.; Joshi, K.; Chopra, A. & Patwardhan, B. (2005).** HLA e doença. Europ. J.

Epidemiol; 20:475-488.

• **Glennas, A. ; Kvien, T.K. ; Andrup, O. ; Karstensen, B. & Munthe, E. (2000).** Emerging arthritis in the elderly: Um estudo observacional longitudinal de cinco anos. J. Rheumatol; 27: 101-108.

• **Goemaere, S. ; Ackeran, C. ; Goethals, K. ; De Keyser, F. ; van Straeten, C. ; Ver bruggen, G.;Mielants, H. & Veys, E. (1990).** Onset of rheumatoid arthritis symptoms as a function of age, sex and menopause. J. Rheumatolo; 17(12): 1620-2.

• **Goldbach-Mansky, R. ; Lee, R. ; McCoy, A. ; Hoxworth, J. ; Yarboro, C. ; Smolen , S. *et al.***

• **2000).** Autoanticorpos associados à artrite reumatoide em pacientes com sinovite recente. Arthritis Res ; 2 : 236-243.

• **Goldsby, R.; Kindt, T. e Oaborne , B. (2000).** Autoimunidade. In: Kuby Immunology. 4ª edição. Freeman, W.H. and Company, Nova Iorque: 497-516.

• **Goronzy, J. e Weyand, E. (2009).** Desenvolvimentos na compreensão científica da artrite reumatoide. Arthritis Res & Ther ; 11:249.

• **Goupille, P.; Fouquet, B. & Cotty, P. (1990).** A articulação temporomandibular na artrite reumatoide: correlações entre caraterísticas clínicas e de TC. J. Rheumatol; 17: 1285-1291.

• **Graudal, N.; Svenson, M.; Tarp, U.; Garred, P.; Jurik, A. & Bendtzen, E. (2002).** Autoanticorpos contra a interleucina 1 {alfa} na artrite reumatoide: relação com o resultado radiológico a longo prazo. Ann. Rheum. Dis; 61(7): 598 - 602.

• **Gregersen, P. ; Sliver, J. & Winchester , R. (1987).** A hipótese do epítopo partilhado - uma abordagem para compreender a genética molecular da suscetibilidade à artrite reumatoide. Arthritis Rheum ; 30 : 1205-1213.

• **Gregory, C. & Gardner, M. (2005).** Artrite inflamatória na era dos produtos biológicos. Clinical and Applied Immunology Reviews; 5(1):19-44.

• **Greidinger, E. & Hoffman, R. (2003).** Testes de anticorpos antinucleares: métodos, indicações e interpretações. Lab. Med; 34(2):113-17.

• **Gruen, J. & Weissman, S. (1997).** Mudança de pontos de vista sobre o complexo principal de histocompatibilidade. Sang ; 11 : 4252-65.

• **Hack, C. ; Erenberg - Belmer, A. ; Lim, U. ;, Haverman, J. & Alberse, R .(1984).** Ausência de ativação de C1 apesar da presença de complexos imunes circulantes demonstrada por dois métodos C1q em doentes com artrite reumatoide. Arthritis Rheum ; 27 : 40-8 .

• **Harris, E. (2005).** Caraterísticas clínicas da artrite reumatoide. Em: Harris E.D.; Budd, R.C.; Genovese, M.C.; Firestein, G.S.; Sargent, J.S.; Sledge, C.B. e Ruddy, S., (sétima edição).

• **Hassfeld, W.; Steiner, G.; Graninger, W.; Witzmann, G.; Schweitzer, H. e Smolen J. (1993).** Autoanticorpos para o antigénio nuclear RA33: um marcador de artrite reumatoide precoce. Br. J Rheumatol; 32:199-203.

• **Hassfeld, W. ; Steiner, G. ; Hartmuth, K. ; Kolarz, G. ; Scherak, O. ; Graninger, W. ; Daumen, N. & Smolen, J. (1989).** Identificação de um novo anticorpo antinuclear (anti-RA33) altamente específico para a artrite reumatoide. Arthrite rhumatoïde; 32:1515-1520.

• **Haworth, C.; Brennan, F.; Chantry, D.; Turner, M.; Maini, R. & Feldmann, M. (1991).** Expressão do fator estimulador de colónias de granulócitos-macrófagos na artrite reumatoide: regulação do fator de necrose tumoral-alfa. Eur. J. Immunol ; 21:2575-9.

• **He, X. ; Kang , A. & Stuart J. (2001).** As células B CD19+ de colagénio tipo II anti-humano estão presentes em doentes com AR e em indivíduos saudáveis. J . Rheumatol ; 28 : 2168.

• **Hickling, P.; Turnbil, L. e Dixon, J. (1982).** A relação entre a atividade da doença, as imunoglobulinas e a subpopulação de linfócitos na espondilite anquilosante. Rheumatol. & Rehabilitation ; 21 : 145-150.

• **Hill, J. ; Southwood, S. ; Sette, A. ; Jevnikar, A. ; Bell , A. & Cairns, E. (2003).** Sharp edge: a conversão de arginina em citrulina permite uma interação peptídica de alta afinidade com a molécula HLA-DRB1*0401 MHC de classe II associada à artrite reumatoide. J. Immunol, 171: 538-541.

• **Hjelmstrom, R.;Giscombe, A.;Lefvert, J.; Grunewald, P.; Pirskanen, E. & Sanjeevi ; C.(1997).** Associação HLA-DQ e utilização do gene do recetor de células V-T no sangue periférico da MG sueca. Eur. J Immunogenetics; 24:179-189.

• **Hoet, R. & Van Venrooij, W. (1992).** Fator anti-perinuclear e anticorpos anti-anticatina na artrite reumatoide. In: Rheumatoid arthritis. Editado por Smolen, J.; Kalden, J. & Maini, R. Springer Verlag, Berlim, PP: 299-318.

• **Hoet, R.; Boerbooms, A.; Arends, M.; Ruiter, D. & Van Venrooij, W. (1991).** Fator anti-perinuclear, um auto-anticorpo marcador da artrite reumatoide: colocalização do fator perinuclear e da profilagrina. Ann. Rheum. Dis; 50,611-618.

• **Horst-Bruinsma, V.; Visser, H.; Hozes, J.; Breedeld, F.; Verduyn, W. & Schrender, G. (1999).** Predisposição associada ao HLA-DQ e proteção associada ao HLA-DR dominante contra a artrite reumatoide. Human Immunology; 60: 152-8.

• **Houssiau, F. (1995).** Cytokines in rheumatoid arthritis. Clin. Rheumatol ; 14 : suppl 2:10-3.

• **Houssien, D.; Jonsson, T.; Daview, E. & Scott, D. (1998).** Isótipos do fator reumatoide, atividade da doença e resultados na artrite reumatoide. Efeitos comparativos de diferentes antigénios. Scand J. Rheumatol ;27 : 46-53.

• **Huising, M.,;Stet , R. ; Savelkoul , H. & Verburg-van Kemenade , B. (2004).** "Evolução molecular da família de citocinas interleucina-1; IL-18 em peixes. Dev. Comp. Immunol ; 28 (5) : 395413.

• **Ishigami, A. ; Ohsawa ,T.;Asaga, H. ; Akiyama, K. ; Kuramoto, M. & Maruyama, N. (2002).** Human peptidylarginine deiminase type II: molecular cloning, gene organization and expression in human skin. Arch Biochem. Biophys ; 407 :25.

• **Isomaki, P. & Punnonen, J. (1997).** Citocinas pró e anti-inflamatórias na artrite reumatoide. Ann. Med. 29: 499-507.

• **Issa, S.N. & Ruderman, E. (2004).** Controlo de danos na artrite reumatoide; o tratamento precoce e rigoroso é crucial para travar a destruição das articulações, simpósio sobre artrite. Pós-graduação em Medicina; 116 (5): 17.

J

• **Jaakkola, E.; Herzberg, I.; Crane, A.; Pointon, J.; Laiho, K.; Kauppi, M.; Kaarela, K.; Wordsworth, B.; Tuomilehto, J. & Brown, M. (2004).** Um novo método de genotipagem do antigénio leucocitário humano DRB1 baseado em reacções de extensão de primers multiplex. Tissue Antigens;64:88-95.

• **Jansen, A.;van der Horst-Bruinsma, I.;van Schaardenburg, D. ; van der Stadt, R. ; de Koning, M. & Dijkmans, B. (2002).** O fator reumatoide e os anticorpos contra o péptido citrulinado cíclico distinguem a poliartrite reumatoide da indiferenciada em doentes com artrite precoce. J. Rheumatol;29:2074- 6.

• **Jawaheer , D. & Gregersen, PK. (2002).** Artrite reumatoide. Componentes genéticos. Rheum. Dis. Clin. North Am.;28:1-15.

• **Jawaheer, D.; Raymond, L.; Gregersen, P. & Criswell, L. (2006).** Influência do sexo masculino no fenótipo da doença na artrite reumatoide familiar. Arthritis Rheum; 54(20):3087-3094.

• **Johnson, A.; Hurley, C. & Hartzman, R. (1996).** Leucócitos humanos

Antigénio (HLA): o complexo principal de histocompatibilidade em humanos e imunologia de transplantes. In: Diagnóstico clínico e gestão por métodos laboratoriais. [th]19 edição. Livingstone Press. PP : 985-999

• **Jonsson, T. & Valdimarrson, H. (1993).** A medição dos isótipos do fator reumatoide é clinicamente útil. Ann. Rheum. Dis ; 52(2):161-4.

• **Jonsson, T.; Steinsson, K.; Jonsson, H.; Geirsson, A.; Thorsteinsson, J. & Valdimarsson, H. (1998).** A elevação combinada dos factores reumatóides IgM e IgA tem uma elevada especificidade diagnóstica para a artrite reumatoide. Rheumatoid Int; 18 (3): 119-22.

K

• **Kapitany, A. ; Zilahi , E. ; Szanto,S. ; Szucs,G. ; Szabo, Z. ; Vegvari, A. ; Rass, P. ; Sipka, S. ; Szegedi, G. & Szekanecz, Z. (2005).** Associação da artrite reumatoide com HLA-DR1 e DR4 na Hungria .Ann. North Y. Acad. Sci;1051 : 263-270.

• **Katano ,M. ; Okamoto,K. ; Arito ,M. ; Kawakami,Y. ; Suematsu, K. ; Shimada, S. ; Nakamura, H. ; Xiang ,X. ;Masuko,K.;Nishioka,K. ; Yudoh ,K. & Kato ,T. (2009).** A importância da lipocalina associada à gelatinase de neutrófilos induzida pelo fator estimulador de colónias de granulócitos-macrófagos na patogénese da artrite reumatoide revelada pela análise proteómica. Arthritis Res. Ther ; 11:R3doi:10.1186/ar2587.

• **Kaufmann, S. (1990).** Heat shock proteins: a link between rheumatoid arthritis and infection. Curr. Opin. Rheumatol;2:420.

* **Kavanaugh, A.; Tomar, R.; Reveille ,J.; Solomon, D. & Homburger, H. (2000).** Orientações para a utilização clínica de testes de anticorpos antinucleares e testes de auto-anticorpos específicos contra antigénios nucleares. Arch. Pathol. Lab. Med; 124:71-81.

* **Keystone, E. ; Show, K. ; Dombardier, C. ; Chi-hsing, C. Nelson, D. & Rubin, L. (1988).** Aumento dos níveis do recetor solúvel de interlucina-2 no soro e no líquido sinovial de pacientes com artrite reumatoide. Arthritis Rheum, 31: 844-9.

* **Khosla, P.; Shankar, S. & Duggal, L. (2004).** Anticorpos anti-CCP na artrite reumatoide. J. Indian rheumatol.Assoc.;12: 143-46.

* **Kim, H. & Berek, C. (2000).** Células B na artrite reumatoide. Arthritis Res ; 2 : 126.

* **Kindt, T.; Goldspy, R. & Osborne, B. (2007).** O SISTEMA HLA. [th]In: Kuby Immunologie. 6 edição. WH Freeman & Company. New York. PP:401-21.

* **Klareskog ,L. ; Stolt , P. ; Lundberg , K. ; *et al.* (2009).** Um novo modelo para a etiologia da artrite reumatoide: o tabagismo pode desencadear respostas imunitárias restritas a HLA-DR (epítopo partilhado) a autoantigénios modificados por citrulinação. Arthrite rhumatismale;54: 38.

* **Klareskog, L.; Catrina, A. & Paget, S. (2006).** Rheumatoid arthritis. Lancet; 373:659-672.

* **Klein, J. & Hoeji, V. (1998).** Immunology. 2ª edição. Oxford, Blackwell Scientific. Inglaterra.

* **Klein, J. & Sato, A. (2000).** O sistema HLA. The New England J. Med; 343(10):702-709.

* **Klemperer, P.; Pollack, A. & Bachr, G.(1942).** Doença difusa do colagénio: lúpus eritematoso sistémico e esclerose sistémica difusa. J. Am. Med. Ass. 331-2 .

* **Klippel , J. (2001).** Cartilha sobre doenças reumáticas. In: Arthritis Foundation. [th]12 edição. Atlanta.Georgia.209-233.

* **Klimiuk, P.; Sierakowski, S.; Latosiewicz, R.; Cylwik, J.; Cylwik, B.; Skowronski, J. & Chwiecko, J.(2003).** Interleucina-6, recetor solúvel de interleucina-2 e recetor solúvel de interleucina-6 em soros de pacientes com diferentes padrões histológicos de sinovite reumatoide. Clin. Exp. Rheumatol;21(1): 63-69.

* **Koch, A. ; Kunkel ,S. & Strieter, R. (1995).** Cytokines in rheumatoid arthritis. J Invest. Med ; 43 : 28-48.

* **Komocsi, A. ;, Lamprecht, P. ; Csernok, E. ; Mueller, A. ; *et al.* (2002).** As células T CD4+ CD28- do sangue periférico e do granuloma são uma fonte importante de IFN-Y e TNF na granulomatose de Wegener. AMJ Pathol; 160: 1717-24.

* **Koopmans, W. (2001).** Perspectivas sobre doenças auto-imunes. JAMA; 285(5):648.

* **Kotzin, B. (2005).** O papel das células B na patogénese da artrite reumatoide. J. Rheumatol ; 73 : 14-18.

* **Kraag, G. (1989).** Aspectos clínicos da artrite reumatoide. Clin. Med; 28:15-25.

* **Kristiansen, O.; Larsen, Z. & Pociot, F. (2000)** IL-4 in autoimmune diseases: a general susceptibility gene for autoimmunity. Gene & Immunity ; 1 : 170-184.

* **Kroot, E. ; de jong, B. ; van Leeuwen, M.;Swinkels, H.;van den Hoogen,F.;van Hof, M. ; van de Putte,L. ; van Rijswijk, M. ; van venrooij, W. & van Riel, P. (2000).** O valor prognóstico dos anticorpos contra os péptidos citrulinados cíclicos em doentes com artrite reumatoide recente. Arthritis Rheum ; 43(8) : 1831-5.

* **Kurreeman ,F. ; Padyukov, L. ; Marques, R. ; Schrodi, S. Seddighzadeh, M ; Stoeken-Rijsbergen, G. ; van der Helm-van Mil , A.;Allaart, C. ; Verduyn, W. ; Houwing-Duistermaat ,J. ; Alfredsson ,L. ; Begovich, A. ; Klareskog, L. ; Huizinga, T. & Toes, R. (2007).** Uma abordagem de gene candidato identifica a região TRAF1/C5 como um fator de risco para a artrite reumatoide. PLOS Med;4:e278.

L

* **Lagaaij, E.;Hennemann, P. ; Ruigrock, M. ; Dewaan, M. ; Persijn, G. ; Termijtelen, A. ; Hendricks, G. ; Weimer, W. ; Claas, F. & Van Rood, J. (1989).** Complexo principal de histocompatibilidade. N. Eng. Med; 321:701.

* **Lard, L.; Visseer, H.; Speyer, I.; vander Horst -Bruinsma, A.; Zwinderman, F. & Breedveld, F. (2003).** Tratamento precoce versus tratamento tardio em pacientes com artrite reumatoide de início recente: uma comparação de duas coortes com diferentes estratégias de tratamento. Am. J. Med; 111:446-451.

* **Leadbetter, E. ; Rifkin, I. ; Hohlbaum, A. ; Beaudette, B. ; Shlomchik, M. & Marshak-Rothstein, A. (2002).** Os complexos de cromatina-IgG activam as células B através da ativação dupla dos

receptores IgM e Tolllike. Nature ; 416 : 603-7.

- **Lee ,J. ; Slifman, N. ; Gershon, S. Edwards , E. ; Schwieterman ,W. ; Siegel J. ; *et al.* (2002).** Histoplasmose com risco de vida como complicação da imunoterapia com os antagonistas do fator de necrose tumoral alfa infliximab e etanercept. Arthritis Rheum; 46: 2565-70.

- **Lee, D. & Schur, P. (2003).** Utilidade clínica do teste anti-CCP em pacientes com doenças reumáticas. Ann.Rheum.Dis.;62:870-874.

- **Lee, Y.; Rho, Y. Choi, S.; Ji, J. & Song, G. (2006).** Relação entre o polimorfismo TNF-alfa -308 G/A e a resposta aos bloqueadores de TNF-alfa na artrite reumatoide: uma meta-análise. Rheumatol. Int; 27: 157-161.

- **Lee, H.; Remmers, E.; Le, J.; Kastner, D.; Bae, S. & Gregersen, P. (2007).** Associação de STAT4 com artrite reumatoide na população coreana. Mol. Med. 13:455-460.

- **Lipsky, P. (2001).** Rheumatoid arthritis. In: Harrison's Principles of Internal Medicine. [th]Editado por Braun wald, E.; Fauc,i A.;Kasper, D. 15 edition . McGraw-Hill. Nova Iorque. 1928-37.

- **Lopez-Hoyos, M.;Ruiz de Alegria ,C.;Blanco ,R. et al. (2004).** Utilidade clínica dos anticorpos anti-CCP no diagnóstico diferencial de artrite reumatoide e polimialgia reumática em idosos. Rheumatologie;43:655-657.

- **Lubberts, E.; Joosten, L.; Chabaud ,M.; et al (2000).** A terapia genética da IL-4 na artrite colagenosa suprime a IL-17 sinovial e o ligando da osteoproteína e previne a erosão óssea. J. Clin. Invest; 105: 1697.

M

- **Mac Donald, K.; Pettit, A.; Quinn, C.; Thomas, G. & Thomas, R. (1999).** Resistência das células dendríticas sinoviais reumatóides à ação imunossupressora da IL-10. J Immunol ; 163 : 5599.

- **Mackay, I. e Rosen, F. (2000).** O sistema HLA. The New England J. Med. 343(10):702-. 709.

- **Mac Naul, K. ; Chartrain ,N. ; Lark, M. ; Tocci, M. & Hutchinson, N.J. . (1990).** Expressão desordenada de estromelisina, colagenase e efeito inibidor de tecido de metaloproteinases- 1 em fibroblastos sinoviais humanos reumatóides; efeitos sinérgicos da interleucina-1 e do fator de necrose tumoral-alfa na expressão de estromelisina. J Biol Chem ; 265:17238-45.

- **Mageed, R. (1996).** O antigénio RF. In: Manual of Biological Markers of Disease. Editado por van Venrooij ,W. & Maini ,R. (secção B1.1). Kluwer Academic Publishers. Dordrecht. PP: 1-27.

- **Mahir, U. ; Kaya, H. ; Enel, K. ; Erdal, A. & Akgay, F. (2007).**Diminuição da percentagem de linfócitos CD4 e CD8 no líquido sinovial de doentes com artrite reumatoide. The Pain Clinic;13(2):165-170.

- **Maini, R. & Feldmann, M. (1998).** Imunopatogénese da artrite reumatoide . Em Oxford Lehrbuch der Rheumatologie . 2 ªed. PP : 983-1003.

- **Maini, R. ; Moynihan, L. ; Venables, P. & Grün, J. (2007).** Informação para os doentes: sintomas e diagnóstico da artrite reumatoide. Revisão da literatura;16.1.

- **Maldonado, A. ; Mueller, Y. ; Thomas, R.;Bojczuk, P. ; O'Connors, C. & Katsikis, P. (2003).** Diminuição da memória efectora das células T CD45RA+ CD62L- CD8+ e aumento da memória central das células T CD45RA CD62L+ CD8+ no sangue periférico de doentes com artrite reumatoide. Arthritis Res. Ther , 5 . R91- R96doi : 10.1186/ar619.

- **Male, D.; Cooke, A.; Owen, M.; Trowsdale, J. & Champion, B. (1996).** Imunologia Avançada. Capítulo 4: Mosby.

- **Maniatis, T.; Fritsch, E. & Sambrook, J. (1982).** Molecular Cloning, A Laboratory Manual. Imprensa do Laboratório de Cold Harbor. Cold Spring Harbor, N.Y.

- **Margulies, DH. 1999.** O complexo principal de histocompatibilidade. In: Fundamental Immunology. Editado por Paul, W.E. . 4 [th]edition. Lippincott-Raven Publishing. Philadelphia. PP:263-285.

- **Markenson, J. (1992).** Tendências mundiais do impacto socioeconómico e do prognóstico a longo prazo da artrite reumatoide. Arthritis Rheum; 21(Suppl): 4-12.

- **Mcinnes, I. ; Furst, D. & Greene, J. (2008).** O papel das citocinas nas doenças reumáticas. Revisão da literatura versão :16.1.

- **Ménard, H. & El-Amine, M. (1996).** O sistema calpaína-calpastatina na artrite reumatoide. Immunol. Today; 17:545-547.

* **Menard, H.; Boire, G.; Lopez-Longo, F.; Lapointe, S. & Larose, A. (2000).** Insight into rheumatoid arthritis from the Sa immune system. Arthritis Res ; 2:429-432.

* **Mens, J.M. (1987).** Correlações entre o envolvimento articular na artrite reumatoide e na espondilite anquilosante e o rácio entre a superfície sinovial e a superfície da cartilagem em diferentes articulações (Resumo), Arthritis Rheum. Dis; 30: 359-360.

* **Middleton, D. (2005).** HLA typing from serology to sequencing; Iranian J. of Allergy, Asthma & Immunol; 4: 53-67.

* **Miller, S.; Dykes, D. & Polesky, H. (1988).** Um procedimento simples de salting-out para a extração de ADN de células nucleadas humanas. Nucleic Acid Res ; 16 :1215.

* **Mimori, T. ; Suganuma, K. ; Tanami, Y. ; Nojima, T. ; Matsumura, M. ; Fujii, T. ; Yoshizawa, T. ; Suzuki, K. & Akizuki, M. (1995).** Autoanticorpos contra a calpastatina (um inibidor endógeno da calpaína, uma protease neutra dependente de cálcio) em doenças reumáticas sistémicas. Proc Natl.Acad. Sci. EUA; 92:7267-7271.

* **Miossec, P.; Navillat, M.; Dupuy, D.; Angeac, A.; Sany, J.; & Banchereau, J. (1990).** Baixa IL-4 e alta TGF-в na artrite reumatoide. Arthritis Rheum; 145: 2514.

* **Mishan-Eisenberg, G.; Borovsky, R. *et al.* (2004).** Regulação diferencial das respostas de citocinas Th1/Th2 pela proteína placentária 14. J. Immunol; 173(9): 5524-30.

* **Mitchell, D. & Fries, J. (1982).** An analysis of the American Rheumatism Association criteria for rheumatoid arthritis. Arthritis Rheum ; 25 : 481.

* **Molkentin, J. ; Gregersen, P. ; Lin, X. ; Zhu, N. ; Wang, Y. ; Chen, S. ; Chen, S. ; Baxter-Low , L. & Sliver, J. (1993).** Análise molecular do polimorfismo HLA-DRB e DQB em pacientes chineses com AR. Ann. Rheum. Dis; 52:610-612.

* **Molkentin, J. ; Gregersen, P. ; Zhu, N. ; Wang, Y. ; Chen, S. ; Chen, S. ; Baxter-Low ,L.& Sliver, J. (2003).** Análise molecular do polimorfismo HLA-DRB e DQB em pacientes chineses com AR. Genes & Immunity;5:240-245.

* **Mollenhauer, J.; Von der Mark, K.; Burmester, G.; Gluckert, K.; Lutjen-Drecoll, E. & Brune, K. (1988).** Anticorpos séricos para proteínas de superfície celular de condrócitos em osteoartrite e artrite reumatoide. Journal de rhumatologie ; 15:1811-7.

* **Moore, A.; Iwamura, H.; Larbre, I.; Scott, D. & Willoughby, D. (1993).** Cartilage degradation by polymorphonuclear leukocytes in vitro Evaluation of pathogenic mechanisms. Ann Rheum Dis ; 52:27-31.

N

* **Nagata, S. & Senshu, T. (1990).** Peptidylarginine deaminase in rat and mouse haemopoietic cells. Experiential; 46: 72-74.

* **Nassonoy, E. ; Samsonov, M. ; Chichasova, N. ; *et al.* (2000).** Soluble adhesion molecules in rheumatoid arthritis. Rheumatology; 39(7): 808-810.

* **Nawroth, P. ; Bank, J. ; Handlly, D. ; Cassimeris, J. ; Chess, L. & Stem, D. (1986).** O fator de necrose tumoral/catectina interage com receptores de células endoteliais e induz a libertação de interleucina-1. J. Exp Med; 163:1363-75.

* **Nell, V.; Machold, K.; Hueber, W. *et al.* (2003).** O significado diagnóstico dos auto-anticorpos em doentes com artrite reumatoide muito precoce. Arthritis Res. Ther; 5(suppl 1):16.

* **Nepom, B.; Nepom, G.; Mickelson, E.; Schaller, J.; Antonnelli, P. & Hansen, J.(1994).** As moléculas de histocompatibilidade específicas associadas ao HLA-DR4 caracterizam os doentes seropositivos com artrite reumatoide juvenil. J.Clin.Invest.;74:287-291.

* **Nepom, G. (1998).** Suscetibilidade à artrite reumatoide dirigida pelo complexo principal de histocompatibilidade. Adv. immunol ; 68 : 315-332.

* **Nielen, M. ; Van Schaardenburg , D. ; Reesink , H. *et al.* (2004).** Autoanticorpos específicos precedem os sintomas da artrite reumatoide: um estudo com medições em série em dadores de sangue. Arthrite rhumatismale ;50:380-386.

* **Nienhuis, R. & Mandema, E. (1994).** Um novo fator sérico em doentes com artrite reumatoide. Fator anti-perinuclear. Ann.Rheum. Dis; 23:302-305.

* **Nogueira, L.; Sebbag, M.; Vincent, C.; Arnaud, M.; Fournie, B.; Cantagret, A.; Jolivet, J.**
* **Serre, G. (2001).** Desempenho de dois testes ELISA para auto-anticorpos anti-filagrina utilizando filagrina humana recombinante purificada por afinidade ou desaminada no diagnóstico da artrite reumatoide. Ann.Rheum.Dis. ; 60,882-887.

• **Nowak, V. & Newkirk, E. (2005).** Factores reumatóides: bons ou maus para si? Int. Arch. Allergy Immunol.;138(2):180-188.

• **Nyman, S. ; Mottonnen, T. ; Hermann, R. ; Tuokko, J. ; Luukkanen, R.;Hakala, M.;Hannonen, P.;Korpela, M.;Toivanen, A. & Ilonen, J. (2004).** Haplótipos e genótipos HLA-DR-DQ em doentes finlandeses com artrite reumatoide. Ann. Rheum. Dis; 63: 1406-1412.

O

• **Olerup, O. & Zetterquist, H. (1992).** Tipagem HLA-DR por amplificação por PCR com primers de sequência específica (PCR-SSP) em 2 horas: uma alternativa à tipagem serológica DR na prática clínica.

• **Ollier, W. & Thomson, W. (1992).** Population genetics of rheumatoid arthritis (Genética populacional da artrite reumatoide). Rheum. Dis. Clin. North Am;18:741-59.

• **Opelz, G. ; Mytilineos, J. ; Scherer, S. ; Dunkley, H. ; Trejant, J. ; Chapman , J. ; Middleton, D. ; Savage, D. ; Fischer, G. ; Bignon, J. ; Bensa, J. ; Orozco, G. ; Rueda, B. & Martin, J. (1991).** Base genética da artrite reumatoide. J. Hospital Pharmacist; 9: 5-10.

• **Orozco, G.; Pascual-Salcedo, M.; Lopez-Nevot, M.; Cobo, T.; Cabezon, A.; Martin-Mola, E.; Balsa, A. & Martin, J. (2008).** Autoanticorpos, HLA e PTPN22: marcadores de suscetibilidade à artrite reumatoide. Rheumatol ; 47(2):138-141.

P

• **Pai, S.; Pai, L. & Birkenfeldt, R. (1998).** Correlação entre os níveis séricos do fator reumatoide IgA e a gravidade da doença na artrite reumatoide. Scand J . Rheumatol;27: 252-256.

• **Paimela, L. ; Palosuo, T. ; Aho, K. ; Lukka, M. ; Kurki, P. ; Leirisalo-Repo, M. & von Essen, R. (2001).** Associação de autoanticorpos filagrina com doença ativa na artrite reumatoide inicial. Ann. Rheum Disease ;60:32-35.

• **Palosuo, T.; Lukka, M.; Alenius. H.; Kalkkinen, N.; Aho, K.; Kurki, P.; Heikkila, R.; Nykanen, M. & von Essen, R. (1998).** Purificação de filagrina epidérmica humana e medição de auto-anticorpos anti-filagrina em soros de doentes com artrite reumatoide por ensaio de imunoabsorção enzimática. Int. Arch. Allegy Immunol;115: 294-302.

• **Papanicolaou, D.; Wilder. R.;Manolagas, S. & Chrousos, G. (1998).** O papel fisiopatológico da interleucina-6 na doença humana. Ann Intern: Med; 128:127-137.

• **Paramalingam, S.;Thumboo, J.;Vasoo, S.;Thio, S.;Tse, C. & Fong ,K. (2007).** Citocinas pró e anti-inflamatórias in *vivo* em pacientes normais e com artrite reumatoide. Ann. 36:96-100.

• **Parham, P. e Spies ,T. (1996).** Biologia populacional da apresentação de antigénios por moléculas MHC de classe I. Science. **272.**

• **Pascual, M.; Nieto, A.; Lopez-Nevot, M.; Ramal, L. & Caballero, A. (2001).** Artrite reumatoide no sul de Espanha: para clarificar o papel unificador da região HLA classe II na predisposição para a doença. Arthritis Rheum; 44: 307-14.

• **Peakman, M. & Vergani, D. (1997).** Doenças reumáticas. In: Immunologie fondamentale et clinique. 170-173.

• **Peng, S. (2005).** Transmissão de sinais em células B através de receptores do tipo Toll. Curr. Opin. Immunol;17:230-6.

• **Peter, P.; Cornell, K. & Schoen, R. (2005).** O que precisa de saber sobre os novos medicamentos anti-reumáticos. N. Engl. J. Med; 350:2591-602.

• **Pierer , M. ; Kaltenhauser, S. ; Arnold, S. ; Wahle, M. ; Baerwald, C. ; Hantzschel , H. & Wagner , U. (2006).** Associação do polimorfismo de nucleótido único PTPN22 1858 com a artrite reumatoide numa coorte alemã: maior frequência do alelo de risco em doentes do sexo masculino em comparação com os do sexo feminino. Arthritis Res. Ther ; 8:R75.

• **Pincus, T. (1995).** Resultado a longo prazo da artrite reumatoide. Br. J. Rheumato; 34(Suppl 2): 5973.

• **Pisetsky, D. (2002).** Bloqueadores do fator de necrose tumoral na artrite reumatoide. N E J M. ;40(100):1189-90.

• **Pitzalis, C.; Kingsley, G.; Murphy, J. & Panayi, G. (1987).** Distribuição anormal dos subgrupos de células T indutoras e supressoras nas articulações da artrite reumatoide. Pathologie clinique & immunopathologie ; 45 : 252-8.

* **Pruijn, G. ; Vossenaar, E. ; Drijfhout,J. ; Van Venrooij, W. & Zendman, A. (2005).** A deteção de anticorpos anti-CCP facilita o diagnóstico precoce e o prognóstico da artrite reumatoide. Current Rheum. Reviews ; 1:1-7.

* **Quinn, M.;Gough, A.;Green, M.;Devlin, J.;Hensor, E.;Greenstein, A.;Fraser, A.& Emery , P. (2006).** Os anticorpos anti-CCP medidos no início da doença ajudam a identificar a artrite reumatoide seronegativa e a prever os resultados radiológicos e funcionais; Rheumatol; 45(4):478-480.

R

* **Rand, T. ; Silberstein, D. ; Kornfeld, H. & Weller, P. (1991).** Os eosinófilos humanos expressam receptores funcionais de interleucina-2. J. Clin. Invest; 88 (3): 825-832.

* **Rantapaa-Dahlqvist, S.;De Jong, B. ; Berglin, E. ; Hallmans, G.;Wadell, G. ; Stenlund, H. ; Sundin, V. & van Venrooij, W. (2003).** Anticorpos para peptídeos citrulinados cíclicos e fator reumatoide IgA predizem o desenvolvimento de artrite reumatoide. Arthritis Rheum;48: 2741-2749.

* **Rantapaa-Dahlavist, S. (2005).** Diagnóstico e significado prognóstico dos anticorpos na artrite reumatoide inicial. Scand. J. Rheumatol; 34: 83-96.

* **Rawson, A.; Hollander, J. & Quismori, F. (1969).** Artrite experimental no homem e no coelho em função de factores de anti-imunoglobulina no soro. Ann. N. Acad. Sci.;168: 88. **,M. & Shmerling, R. (2008).** Anticorpos antinucleares (ANA). Revisão da literatura.16(1).

* **Read, A. & Strachan, T. (1999).** Human molecular genetics 2, chapter 18 . Genética do cancro . Nova Iorque: Wiley.

* **Ribbhammar, U. (2005).** Identificação de genes que regulam a artrite e a produção de IgE em ratos e humanos. Tese de doutoramento. Instituto Karolinska. Hospital Universitário de Karolinska. Estocolmo, Suécia.

* **Rickert, M.; Boulanger, M.; Goriatcheva, N. & Garcia, K. (2004).** Mecanismos energéticos compensatórios que medeiam o estabelecimento de complexos de sinalização entre a interleucina-2 e os seus receptores alfa, beta e gama(c). J. Mol. Biol ; 339 (5) : 1115-28.

* **Rifkin, I. ; Leadbetter, E. ; Busconi, L. ; Viglianti, G. & Marshak-Rothstein, A. (2005).** Receptores do tipo Toll, ligandos endógenos e doenças auto-imunes sistémicas. Immunol. Rev;204: 27-42.

* **Rimoldi, D. ; Salvi, S. ; Hartmann, F.,Schreyer, M. ; Blum, S.;Zografos, L. ; Plaisance, S. ; Azzarone, B. & Currel,S. (1993).** Expressão de receptores de IL-2 em células de melanoma humano. Anticancer Res ; 13(3) : 555564.

* **Rinderknecht, E.; O' Connor, B. & Radriguez, H. (1984).** Natural human NFI . J. Biol . Chemi ; 259 : 6790 - 94 .

* **Robak, T. & Gladalska, A. (1997).** Citocinas na artrite reumatoide. Postepy Hig. Med. Dosw;51(6):621-36.

* **Roitt, I.; Jonathan, B. & David, M. (1998).** Autoimunidade e doenças auto-imunes. In: Essential immunology, Lyton House. REINO UNIDO.

* **Ropes, M.; Bennett, G.; Cobb, S.; Jacox, R. & Jessar , R. (1958).** Revisão dos critérios de diagnóstico da artrite reumatoide. Bull. Rheum. Dis ; 9 : 175-6.

* **Rothchild, B. & Woods, R. (1990).** Poliartrite periférica erosiva simétrica em índios do Ártico: a origem do reumatismo no Novo Mundo. Seminários de Artrite e Reumatismo; 19: 27884.

* **Rubin, L. & Nelson, DL. (1990).** O recetor solúvel de interlucina-2: biologia, função e aplicações clínicas. Ann. Int. Med; 113: 619-627.

* **Rubin, L. (1990).** O recetor de interlucina-2 em doenças reumáticas. Arthritis Rheum; 33:1137-45.

* **Ruddy, S.; Harris, E. & Sledge, C. (2001).** Kelly's textbook of rheumatology. Capítulo 66. Elsevier Saunders. Philadelphia.PP: 1043.

* **Ruzickova, S.;Cimburek, Z. ; Moravcova, T.;Huzlova, Z. ; Vesela, I. ; Niederlova, J. Krystufkova, O. & Vencovsky, J. (2005).** As células CD19+B específicas de péptidos citrulinados estão presentes no tecido sinovial e no sangue periférico de doentes com artrite reumatoide. Arthritis Res. & Ther;7(Suppl 1):149.

S

* **Salazar, M. & Ynis, E. (1995).** MHC: estrutura e função do gene. In: Samter's Immunological Diseases. [th]Editado por Frank, M. ; Claman, K. & Unanue, E. 5 edição. little, Browen and company .USA.

* **Sambrook, J.; Fitsch, E. & Maniatis, T. (1989).** Molecular cloning: A laboratory manual. 2ª edição. Cold Spring Harbor Laboratory Press, Cold Spring Harbor.

• **Santos, J.; Saunders, P.; Hanssen, N.; Yang, P.; Yates, D.; Groot, J. & Perdue, M. (1999).** Corticotropin-releasing hormone mimics stress-induced pathophysiology of colonic epithelium in rats". Am. J. Physiol. **277**

• **Saraux, A.; Berthelot, J.; Chales, G.** *et al* **(2001).** Adequação dos critérios do American College of Rheumatology de 1987 para a previsão de artrite reumatoide em doentes com artrite precoce e classificação destes doentes dois anos mais tarde. Arthritis Rheum;44:2485-2491.

• **Sato, Y.; Sato ,R.; Watanabe, H.; Kogure, A.; Watanabe, K. Nishimaki, T.; Kasukawa, R.; Kuraya,M. & Fujita, T. (1993).** Propriedades de ativação do complemento de factores reumatóides IgM monoreactivos e polireactivos. Ann. Rheum. Dis ; 52 : 795-800.

• **Sattar, M. ; Al-Saffar, M. ; Guindi, R. ; Suga th an, T. ; White, A. & Behbehani, K. (1990).** Antigénios de histocompatibilidade (A, B, C e DR) em árabes com artrite reumatoide. Dis.Markers;8:11-15.

• **Schaller, M.; Burton, D. & Ditzel, H. (2001).** Autoanticorpos anti-GPI na artrite reumatoide: ligação entre um modelo animal e a doença humana. Nature Immun;2:746-753.

• **Schellekens, G. ; De Jong, B. ; Van den Hoogen, F. ; Van de Putte ,L. & Van Venrooij ,W. (1998).** A citrulina é um componente essencial dos determinantes antigénicos reconhecidos pelos auto-anticorpos específicos da artrite reumatoide. J. Clin. Invest ; 101:273-281.

• **Schellekens, G. ; Visser, H. ; Jong, D. ; Van den Hoogen Hazes, J. ; Breedveld ,F. &van Venrooij, W. (2000).** Propriedades de diagnóstico dos anticorpos da artrite reumatoide que reconhecem um péptido citrulinado cíclico. Arthritis Rheum; 43: 155-163.

• **Sebbag, M.; Simon, M.; Vincent, C.;** *et al* **(1995).** O fator anti-perinuclear e os anticorpos anti-queratina são os mesmos auto-anticorpos específicos da artrite reumatoide. J.Clin.Invest ; 95,26722679.

• **Sels, F.; Westhovens, R.; Emonds, M.; Vandermeulen, E. & Dequeker, J. (1997).** Tipagem HLA numa grande família com vários casos de diferentes doenças auto-imunes. J. Rheumatol; 24(5): 856-9.

• **Shankar, S. & Handa, R. (2004).** Remédios biológicos para a artrite reumatoide. J. Postgraduate Med;50:293-9.

• **Sheu, B.; Hsu, S.; Ho, H.; Lien, H.; Huang, S. & Lin, R. (2001).** Um novo papel para a metaloproteinase na imunossupressão mediada pelo cancro. Cancer Res. 61(1):237-242.

• **Shingu, M. ; Nagai ,Y. ; Isayama, T. ; Naono ,T. ; Nobunaga, M. & Nagai ,Y. (1993).** Effects of cytokines on metalloproteinase inhibitor (TIMP) and collagenase production by human chondrocytes and TIMP production by synovial and endothelial cells. Clin. Exp. Immunol;94:145,9.

• **Shingu, M.; Watanabe, Y.; Tomooka ,K.; Yoshioka, K.; Ohtsuka, E. & Nobunage, M. (1994).** Produtos de degradação do complemento na artrite reumatoide. Br. J. Rheumatol ; 33 : 299- 300.

• **Signal, DH; Green, D.; Gladman, D. & Buchanan, W. (1992).** Genes da região HLA-D e artrite reumatoide: importância dos genes DR e DQ na transmissão da suscetibilidade à artrite reumatoide. Ann.Rheum.Dis.;51: 23-28.

• **Silman, A. & Hochberg , M. (1993).** Epidemiology of rheumatic diseases (Epidemiologia das doenças reumáticas). Oxford, Inglaterra; Oxford University Press.

• **Silman, A. & Pearson , J. (2002).** Epidemiologia e genética da febre reumática. Arthritis Res ; 4 Suppl : S265-S272.

• **Simon, H. (2003).** Rheumatoid arthritis. Associação de Doenças Autoimunes da América. 118.

• **Skapenko , A. ; Leipe , J. ; Lipsky , P. & Schulze-Koops , H. (2005).** O papel das células T na inflamação autoimune. Arthritis Res. & Ther ; 7(Suppl 2):S4-S14doi.

• **Skriner, K.; Sommergruber, W.; Tremmel, V.; Fischer ,I.; Barta, A.; Smolen ,J. e Steiner, G. (1997).** Os auto-anticorpos anti-A2/RA33 são dirigidos contra a região de ligação ao ARN da proteína A2 do complexo heterogéneo de ribonucleoproteínas nucleares. Reconhecimento diferencial de epítopos na artrite reumatoide, lúpus eritematoso sistémico e doença mista do tecido conjuntivo. J. Clin. Invest ; 100:127-135.

• **Smeenk, R.; Brinkman, K.; Van den Brink, H. & Swaak, T. (1990).** Comparação de ensaios para a deteção de anticorpos anti-DNA. Clin. Rheumatol ; 9: 63-73.

• **Smolen, J. (1996).** Autoanticorpos na artrite reumatoide. In: Manual of Biological Markers of Disease. Editado por van Venrooij ,W.& Maini ,R. Secção C 1. Dordrecht: Kluwer Academic Publishers.PP:1-18.

• **Snijders, A. ; Elferink ,D. ; Geluk ,A. ; van Der Zanden, A . ; Vos, K. ; Schreuder, G. ; Breedveld, F. ; de Vries, R. & Zanelli, E. (2001).** Um péptido derivado do HLA-DRB1 associado à proteção contra a artrite reumatoide é naturalmente processado por células humanas apresentadoras de antigénios. J. Immunol ;

166(8) : 4987-93.

• **Sokka, T. ; Mottonen, T. & Hannonen, P. (1999).** Mortalidade em doentes com artrite reumatoide tratados precocemente (Sawtooth) durante os primeiros 8-14 anos. J. Scand. Rheumatol; 28: 282-287.

• **Soulas, P. ; Woods, A. & Jaulhac , B. (2005).** Autoantigénio, imunidade inata e células T trabalham em conjunto para quebrar a tolerância das células B durante a infeção bacteriana. J. Clin. Invest ;115 : 2257-67.

• **Staller, D.; Levine, L.; Hand, L. & Vsan Vanuker, H. (1962).** Determinantes antigénicos do ADN desnaturado que reage com o soro do lúpus eritematoso. Proc. Natl. Acad. Sci (USA); 48:874-879.

• **Stastny ,P.** (1970). Relação entre o aloantigénio DR4w das células B e a artrite reumatoide. N. ENGL. J. Med; 298:869-71.

• **Stauber, D. ; Debler, E. ; Horton, P. ; Smith, K. & Wilson, I. (2009).** Estrutura cristalina do complexo de sinalização IL-2: paradigma para um recetor de citocina heterotrimérico. Proc. Natl. Acad. Sci. U.S.A. ;103 (8) : 2788-93.

• **Steiner, G.; Hartmuth, K.; Skriner, K.; Maurer, F.; Sinski, A.; Thalmann, E.; Hassfeld, W.; Barta, A. & Smolen, J. (1992).** A purificação e a sequenciação parcial do autoantigénio nuclear RA33 mostram que este é indistinguível da proteína A2 do complexo heterogéneo de ribonucleoproteínas nucleares. J. Clin. Invest; 90:1061-1066.

• **Steiner ,G. e Smolen , J. (2002).** Autoanticorpos na artrite reumatoide e o seu significado clínico. Arthritis Res ; 4 Suppl 2S:15.

• **Stransky, G. ; Vernon, J. & Aicher, W. (1993).**Partículas semelhantes a vírus no líquido sinovial de pacientes com artrite reumatoide. J. Rheumatol ;32 : 1044.

• **Straub, R. e Kalden, J. (2009).** O stress de diferentes tipos aumenta a carga pró-inflamatória na artrite reumatoide. Arthritis Res. & Ther ; 11:114.

• **Stropuviene, S.;Lapiniene, G.Redaitiene, E.;Kirdaite, G. & Dadoniene, J. (2005).** Marcador de artrite reumatoide: anticorpos contra péptidos citrulinados. Ata Medica Lituanica;12(3):37-41.

• **Suenaga , Y. ; Tasuda , M. &Yamamoto, M. (1998).** Recetor sérico de interlucina-2 para o diagnóstico precoce da artrite reumatoide. Clin. Rheum ; 17(4):311-317.

• **Sugivama, E.; Kuroda, A. e Taki, H. (1995).** A interleucina-10 coopera com a interleucina-4 para suprimir a produção de citocinas inflamatórias por células sinoviais reumatóides aderentes recentemente preparadas. J. Rheumatol; 22: 2020-6.

• **Sutton ,B. ; Corper, A.;Bonagura ,V. &Taussig, M. (2000).** A estrutura e a origem dos factores reumatóides. Immunol Today; 4:177-183.

• **Suzuki, A. ; Yamada, R. & Yamamoto, K. (2007).** Citrullination by peptidylarginine deiminase in rheumatoid arthritis .Ann. N. Y. Acad Sci ;1108 : 323-339.

• **Svejgaard, A.; Platz, P. & Ryder, L. (1983).** HLA e doença 1982 - uma visão geral. Immunol. Rev;70:193-218.

• **Sverdrup, B. ; Kallberg, H. ; Bengtsson, C. ; Lundberg, I. ; Padyukov, L. ; Alfredsson, L. & Klareskog, L. (2005).** Ligação entre a exposição profissional a óleos minerais e a artrite reumatoide: resultados do estudo sueco de controlo de casos EIRA. Arthritis Res. & Ther ; 7 : R1296- R1303doi : 10.1186/ ar1824.

• **Swedler, W.; Wallmann, J.; Froelich, C. & Teodorescu, M. (1997).** Medição de rotina dos factores reumatóides IgM, IgG e IgA: elevada sensibilidade, especificidade e valor preditivo na artrite reumatoide. J Rheumatol ; **24 :** 1037-1044.

• **Symon, J. ; Wood ,N. ; Di-Giovine, F. & Duff ,G. (1988).** Medições do recetor solúvel de interlucina-2 na artrite reumatoide. Correlação com a atividade da doença, inibição de Il-1 e Il-2 Immunol; 141(8):2612-2618.

• **Symon, J.; McCulloch, N.; Wood, N.; & Duff, G. (1991).** Soluble CD4 in patients with rheumatoid arthritis and osteoarthritis. Clin. Immunol. Immunopathologie; 60:72-82.

• **Szomor, Z.; Shimizu, K.; Fujimori, Y.; Yamamoto, S. & Yamamuro, T. (1995).** Calpain correlaciona-se com artrite e destruição de cartilagem em articulações artríticas do joelho induzidas por colagénio em ratos. Ann. Rheum.Dis ; 54:477-483.

T

• **Tan, M.** (1982). Autoanticorpos para antigénios nucleares; sua imunobiologia e medicina. Advan. Immunol. 33:167-23.

*   **Tan, E.; Feltkamp, T.; Smolen, J.; Butcher, B.; Dawkins, R.;** *et al* **(1997).** Espectro de anticorpos antinucleares em indivíduos saudáveis. Arthritis and Rheum; 40:1601-11.

*   **Taneja, V.; Mehra, N. & Malavia, A. (1993).** HLA predisposition to rheumatoid arthritis. Arth. Rheum; 36:1380-6.

*   **Taneja, V. & David, C. (1999).** Ratos transgénicos HLA classe II como modelos de doenças humanas. J. Immuno. Rev .67-77.

*   **Taneja, V. & David, C. (2001).** Ligação entre o MHC e a artrite reumatoide. O papel regulador das moléculas HLA de classe II em modelos animais de AR: estudos em ratos transgénicos/knock-out. Arthritis Res ; 2(3) : 203-4.

*   **Tarkowski, A. & Klareskog, L. (1989).** Secreção de anticorpos contra o colagénio tipo I e II por células do tecido sinovial em doentes com artrite reumatoide. 32 : 1087-96.

*   **Tebib, J. ; Letroublon, M. ; Noel, E. ; Bienvenu, J. & Bouvier, M. (1995).** sIL-2R levels in rheumatoid arthritis: poor correlation with clinical activity is due in part to disease duration. Br. J. Rheumatol.;34(11):1037-1040.

*   **Teitsson, I.; Withrington, R.; Seifert, M. & Valdimarsson, H. (1984).** Estudo prospetivo da artrite reumatoide precoce: I. Valor prognóstico do fator reumatoide IgA. Ann. Rheum. Dis;43: 673-678.

*   **Terasaki, P. & MacClelland, J. (1964).** Ensaio de microgotículas de citotoxinas do soro humano. Nature ; 204 : 998 - 1000 .

*   **Terumasa, M. (1990).** Rheumatism Asian Medical Journal; 33: 84-88. [linha do meio].

*   **Thomson, G. (1995).** Mapeamento de genes de doenças: estudos de associação baseados na família. Am. J. Hum. Genet ; 57:487-98.

*   **Thomson, W.; Harrison, B.; Ollier, B.; Wiles, N.; Payton, T. & Barrett, J. (1999).** Quantificação do papel exato dos alelos HLA-DRB1 na suscetibilidade à poliartrite inflamatória - resultados de um grande estudo populacional. Arthritis rheumatica; 42:757-62.

*   **Tofiq, D. (2007).** Valor diagnóstico dos anticorpos anti-CCP-2 em comparação com o fator reumatoide IgM e IgA na artrite reumatoide. Comité de Patologia /Microbiologia e Imunologia. Conselho Científico de Patologia.

*   **Tortorella, C. ; Simone, O. ; Piazzolla ,G. (2007).** Alteração relacionada com a idade da sinalização induzida por GM-CSF em neutrófilos: Papel das proteínas SHp-1 e SOCS. Ageing Res.Rev.6(2):81-93.

*   **Townsen, A. & Bodmer, H. (1989).** Antigen recognition by restricted class I lymphocytes. Ann. Rev. immunol ; 7 : 601.

*   **Turresson, C. ; Schaid, D. ;** *et al.* **(2005).** A influência dos genes HLA-DRB1 nas manifestações extra-articulares da doença na artrite reumatoide. Arth. Res. Ther ; 7(6).R1386-93.

*   **Turesson, C. & Matteson, E. (2006).** Genetics of rheumatoid arthritis (Genética da artrite reumatoide). Mayo. Clin. Proc;81(1):94- 101.

U

*   **Ulbercht, M.; Couturies, S. & Martinozz, M. (1999).** Expressão do HLA-E na superfície celular: interação com a microglobulina B2 humana e diferenças alélicas. Eur. J. Immunol ; 29 : 537.

V

*   **Valdimarrsson, H. & Jonsson, T. (1996).** Valor preditivo dos isótipos do fator reumatoide para a progressão radiológica em doentes com artrite reumatoide. Scand.J.Rheumatol ;25 :189-190.

*   **Vallbracht, I.;Rieber, J.; Oppermann, M.; Forger, F.;Siebert, U. & Helmke, K. (2009).** Valor diagnóstico e clínico dos anticorpos anti-péptido citrulinado anticíclico versus isótipos do fator reumatoide na artrite reumatoide. Ann. Rheum. Dis; 63: 1079-1084.

*   **van Bokel, M. ; Vossenaar ,E.;Van den Hoogen, F. & Van Venrooij ,W. (2002).** Sistemas de auto-anticorpos na artrite reumatoide: especificidade, sensibilidade e valor diagnóstico. Arthritis Res ; 4(2) : 87-93.

*   **van der Helm-van, A.;Verpoort, K.;Breedveld, F.;Toes, R. & Huizinga, T. (2005).** Anticorpos para proteínas citrulinadas e diferenças no curso clínico da artrite reumatoide. Arthritis Res Ther ; 7:R949-R958.

*   **van der Horst, IE. ; Visser, H. ; Hazes, J. ; Breedveld, F. ; Verduyn, W. & Schreuder, G. (1999).** Predisposição associada ao HLA-DQ e proteção associada ao HLA-DR dominante contra a artrite reumatoide. Human Immunology;60:152-8.

*   **van Gaalen, F.; Linn-Rasker, F.; van Venrooij, W.** *et al.* **(2004).** Os auto-anticorpos para

péptidos citrulinados cíclicos prevêem a progressão da artrite reumatoide em doentes com artrite indiferenciada: um estudo de coorte prospetivo. Arthritis Rheum;50:709-715.

*   **van Jaarsveld ,CH. ; Ter -Borg, EJ. ; Jacobs, JW.** *et al.* **(1999).**o valor prognóstico do fator anti-perinuclear, dos anticorpos anti-péptido citrulinado e do fator reumatoide na artrite reumatoide precoce. Clin.Exp. Rheumatol; 17:689-697.

*   **van Roon, J.; Glaudemans, C., Bijsma, J. & Lafeber, F. (2003).** A diferenciação de células T CD4 naive em células T helper 2 não é afetada em doentes com artrite reumatoide. Arthritis Forschung & Therapie ; 5(5) : R269-276.

*   **van Roon, J.; Van Roy, J.; Gmelig-Meyling ,F.; Lafeber, F. & Bijlsma, J. (1996).** Prevenção e reversão da degradação da cartilagem na artrite reumatoide por interleucina-10 e interleucina-4. Arthritis Rheum; 39:829-35.

*   **van Snick, J. (1990).** I L-6: Uma visão geral. Ann. Rev. immunol ; 8:253-78.

*   **Vos, K.; van-der-Horst-Bruinsma, I.; Hazes, J.; Breedveld, F.; le-Cessie, S.; Schreuder, G.; de-Vries, R. & Zanelli, E. (2001).** Evidência de um papel protetor da região do antigénio leucocitário humano de classe II na artrite reumatoide precoce. Rheumatol ; 40(2) : 133-9.

*   **Vossenaar, E. ; Zendman, A. ; Van Venrooij, W. & Pruijn G. (2003).** PAD, uma família crescente de enzimas citrulinantes: genes, caraterísticas e envolvimento em doenças. Bioessays ; 25:1106-1118.

*   **Vonsser, E. & Van Venrooij, W. (2004).** Anticorpos anti-CCP, um marcador altamente específico de artrite reumatoide precoce. Clin. Appl. Immunol. rev: 239-62.

W

*   **Waaler, E. (1940).** Sobre a presença no soro humano de um fator que ativa a aglutinação específica dos glóbulos vermelhos de carneiro. Ata. Pathol.Microbiol. Scand ;17:172-88.

*   **Waldmann, T.; Goldman, C.; Robb, R.** *et al* **(1984).** Expressão de receptores de interleucina-2 em células B humanas activadas. J. Exp. Med. 160(5): 1450-1466.

*   **Wallberg-Johnsson, S. ; Johanssan, H. ; Ohman, M. ; & Rantapaa-Dahlqvist, S. (1999).** O grau de inflamação prevê doenças cardiovasculares e mortalidade total na artrite reumatoide seropositiva: um estudo de coorte retrospetivo desde o início da doença. J. Rheumatol; 26: 25622571.

*   **Wang, L.; Chow, K.; Liu, C.;Wu, Y. & Huang, M. (2000).** Significado clínico do recetor solúvel de interleucina-2 alfa no soro do carcinoma de células escamosas do esófago. Clin. Cancer Res;6(4):1445-1451.

*   **Westwood, O.;Nelson, P. & Hay, F. (2006).** Factores reumatológicos: O que há de novo? Rheumatol;45(4):379-385.

*   **Weyand, C. & Goronzy, J. (1990).** Determinantes humanos do antigénio leucocitário de histocompatibilidade associados à doença em doentes com artrite reumatoide seropositiva. J. Clin. Invest; 85: 10511057.

*   **Weyand, C.; Goronzy, J. & Liuzzo, G. (2001).** Imunidade de células T na síndrome coronária aguda. Myo.Clin.Proc;76:1011.

*   **Williams TM. (2001).** Polimorfismo do antigénio leucocitário humano e o laboratório de histocompatibilidade. J.M.D.; 3(3): 98-116.

*   **Williams, E. & Fye, K. (2003).** Intervenções direcionadas na artrite reumatoide podem minimizar a destruição das articulações. Postgraduate Medicine; 114 (5):19-28.

*   **Wilcox, W. (1935).** Reports on chronic rheumatic diseases (Relatórios sobre doenças reumáticas crónicas). Lewis, Londres.

*   **Witkowska, A. (2005).** Sobre o papel da medição do recetor solúvel de interlucina-2 na artrite reumatoide e no cancro. Mediators Inflamm ; 14(3) : 121-130.

*   **Wolfe, A. (1968).** The epidemiology of rheumatoid arthritis. Uma revisão Bull Rheum Dis; 19: 518.

*   **Wong, A.; Kenny, T. & Ermel, R. (1994).** Fator reumatoide reativo a IgG3 na doença reumatoide. Artrite: considerações etiológicas e patogénicas. Autoimmunité; 19: 199-210.

*   **Wright, P.; Bolling, L.; Calvert, M.; Sarmento, O.; Berkeley, E.; Shea, M.;** *et al* **(2003).** PAD, uma proteína do tipo peptidylarginine deaminase, abundante no embrião inicial e localizada nas camadas citoplasmáticas do ovo. Dev.Biol ; 256, 74-89.

Y

- **Yamamoto, S. ; Shimizu, K. ; Suzuki, K. ; Nakagawa, Y. & Yamamuro, T. (1992).** Cisteína proteinase dependente de cálcio (calpain) em articulações sinoviais artríticas humanas. Arthritis Rheum ; 35:13091317.
- **Yelamos, J.;Garcia-Lozano, R. ; Moreno, I. ; Aguilera, I. ; Gonzalez, MF. & Garicia, A. (1993).** Associação de HLA-DR4-Dw15 (DRB1*0405) e DR10 com artrite reumatoide numa população espanhola. Arthritis Rheum; 36: 811-4.
- **Young, B.; Mallya, R.; Leslie, R.; Clark, C. & Hamblin, T. (1979).** Anticorpos anti-catina na artrite reumatoide. Med Br; 2:97-99.
- **Youn Kim, H. ; Kim, T. ; Park, S. ; Lee, S. ; Cho, CH. & Han, H. (1995).** Predominância de HLA-DRB1*0405 em pacientes coreanos com artrite reumatoide. Ann. Rheum. Dis;54: 988-990.
- **Zandman, A.; Van-venrooij, W. & Pruijn, G. (2006).** Utilização e significado dos auto-anticorpos anti-CCP na artrite reumatoide. Rheumatol;45:20-25.
- **Zanelli, E. ; Gonzales-Gay, M. & David, C. (1995).** Poderá o HLA-DRB1 ser o locus protetor na artrite reumatoide? Immunol. Today; 16(6):274-278.
- **Zanelli, E.; Breedveld, F. & de-Vries, R. (2000).** A associação do HLA classe II com a artrite reumatoide: factos e interpretações. Hum. Immunol; 61(12): 1254-61.

Printed by Books on Demand GmbH, Norderstedt / Germany